人_類_圖
財賦密碼

個人職場及賺錢天賦
使用說明書

林福益 Alex Lin 著

目錄

楔子

瘋狂職場動物園

小貓從學校畢業了，準備要去找工作，但是他不知道要找什麼樣的工作？

他大學時念的是某某科系，為什麼念這個科系呢？因為當時考完聯考（學測、指考）後，在選填志願時，父母就跟他說，醫生是最好的職業，薪水好、工作穩定，大家都會尊敬你、社會地位高，是個最好的選擇。

不然你就選電子機械相關科系，畢業後可以到科學園區去工作，光是公司發給你的股票，就讓你吃喝不盡了。

隔壁的阿姨也跑來說，去當個律師吧，或是會計師，不然老師也不錯，都是很好的選擇。

由於太多選項了，小貓也不知道如何選擇，就找出去年的資料，看看如果以今年的成績排名區間，對照去年的排名區間，可以選擇哪些學校？哪些科系？

一個方式就是先選學校，先找心目中認為最好的學校，填上自己可能上的那幾個科系。

另一個方式是先選科系，挑那些未來最有發展性的科系，再以學校的排名，從好的學校往下填，只要是這些未來很有前途的科系，就一定錯不了，最後小貓選擇了某某系。

畢業前，小貓也跟同學一樣，開始準備投履歷、找工作，根據學長姊的經驗，念某某系的人，最好也是找某某系相關的工作，比較適合，於是小貓就去應徵了某某公司，很幸運的也被錄取了。

工作後，小貓便開始學習成為一個標準的上班族，穿著跟大家一樣的制服，努力學習當一個稱職的員工，跟同事做一樣的工作，加班是正常事，但不知如何面對客戶不合理的要求、偶爾出錯，常常被老闆罵，每天戰戰兢兢、努力工作，希望未來有一天能出人頭地。

日復一日、年復一年，慢慢的，小貓在工作上越來越不開心，每天的日子都一成不變，工作完全沒有成就感，工作的目的好像就只是為了領每個月底發的薪水而已，上班後就等下班，下班後完全不想去上班，工作時最期待的就是休假日，一天一天這樣下去，小貓覺得這樣好像不太對，但周圍的人都跟他說，工作就是這樣、人生就是這樣，不要想太多，明天會更好。

經過很長一段低落的時間，有天小貓聽到電視上說：「人要做自己喜歡的事情，把它變成工作，這才是適合你的工作。」小貓就開始想：「我喜歡什麼呢？」

小貓想來想去，覺得他從小到大，最喜歡的事情就是「吃魚」，於是他就想，既然我喜歡吃魚，那我就去找跟「魚」有關的工作好了。哇！這真是太棒的主意了。

於是小貓就去港口，找了一份抓魚的工作，天天要潛水下去抓魚，小貓覺得：以後可以每天跟自己喜歡的東西在一起，真是太幸運了。

問題是，雖然小貓可以游泳，但是他游得並不好，即使很努力的想去抓魚，但總是很容易跟魚就是擦身而過，辛苦努力工作一天後，他的業績還是不夠好，一天一天過去，小貓的業績還是沒起色，看著銷售排行榜前兩名的企鵝跟海豹，他們都是游泳高手，於是小貓就想，那我來學習游泳技巧好了，如果我的游泳技巧變得很好的話，那我的業績應該也就會有所提升。

小貓去報名了游泳培訓班，上課時，老師教了憋氣的技巧，以及如何潛得更深、如何游得更快的技術，老師說只要學會這些技巧後，就一定可以抓到更多的魚。在培訓班畢業之後，小貓覺得自己稍微有點進步，但是進步的程度有限，業績是有比較好一點，但是整體來說沒有太大改善。

然後小貓回想起在學校時，老師教過「勤能補拙」這件事，雖然我技術不如人，做得沒有比別人好，可是我可以付出更多的時間，來彌補我技術上的差異，別人一天工作八小時，那我就一天工作十小時，甚至十二小時，甚至我也可以假日來加班，投入的時間比別人多，工作時間比別人長，積少成多，就應該可以趕上他們的成績了。

即便小貓學了游泳的技巧、也花了比別人更多的時間工作，但是，業績始終還是落在中下游，總是不如人意，小貓認為，至少我已經盡力了，大概我的職涯就是這樣吧！至少收入比以前好一點，總算是有點進步了。

日子一天天過去，有一天，小貓去一間知名的餐廳吃飯，發現門口貼了一張懸賞告示：「尋找最厲害的勇士。」

仔細一看，原來這家餐廳原本生意很好，但最近不知道從哪裡跑來了一群小老鼠，不僅亂挖洞，還偷吃食物，甚至還爬上桌子，嚇壞了客人，造成餐廳的混亂，導致業績下滑。

為了解決這群小老鼠所帶來的困擾，店主人找來了獅子，想用吼叫聲把老鼠趕跑，也找了犀牛要把老鼠踩扁，但因為小老鼠的動作很快，個頭又很小，這些勇士們處理的效果都不太好，所以店主人想要尋找最厲害的勇士，幫他解決老鼠帶來的問題，懸賞金額是一百個金幣，聽說最強壯的勇士大象，正從遠方趕來的路途中，大象是店主人最後的希望。

小貓看完告示，進入這家餐廳吃飯，當小貓正在吃飯的時候，看到一隻小老鼠從牆角「咻」一聲的想跑到他的桌底下撿掉落的食物吃，以前來應徵的勇士想要抓他們時，因為小老鼠的動作太快，總是從這些勇士的手邊溜走，順利咬走食物，這些勇士都拿小老鼠無可奈何。

但這一次，當小老鼠跑過來，以為他又能夠得逞，獲得他的食物然後順利逃跑時，小貓坐在椅子上也沒多想，不知為何的手就伸了出去，「唰」一下的就把小老鼠抓在手中了。大家都嚇了一跳。怎麼可能！以往連獅子、犀牛這些最強壯的動物都無法解決的事情，為什麼這隻看起來不起眼的小貓可以做到呢？

應該是小貓的好運氣吧！周圍的人都這麼想，不過店主人看到小貓抓到了一隻小老鼠，就跑來請小貓幫忙，店主人認為既然小貓可以抓到一隻小老鼠，或許也可以嘗試去解決其他的小老鼠，小貓也就去試試看，沒想到，「唰」「唰」「唰」……一隻、兩隻、三隻……沒多久，所有的小老鼠都被小貓抓起來了，餐廳的「鼠患」問題被解決了，小貓也因此獲得了一百個金幣。

小貓覺得抓老鼠是很簡單的事情啊！老鼠跑過來時，手伸出去不就可以抓到老鼠了嗎！為什麼其他人做不到呢？真奇怪！不過，既然抓老鼠可以賺到金幣，比起自己以前抓魚的收入更是好太多了，於是小貓就辭掉了抓魚的工作，自己成立了一家公司，叫做「貓抓老鼠股份有限公司」，專門處理抓老鼠的事情，目前來請小貓去解決「鼠患」的訂單，聽說已經排到明年中了。

作者序

你喜歡現在的工作嗎？

我是林福益（Alex），臺灣大學獸醫系畢業之後，在醫療器材領域工作了約二十年，在從事人類圖工作之前的最後一份工作，是外商公司的總經理。

我在二〇一一年成為人類圖第一階課程的引導師，二〇一二年成為個人解讀及職場解讀的分析師，從二〇一四年五月一日開始全職從事人類圖的工作，主要工作內容是在做人類圖的解讀以及開課，我解讀的項目有個人基本解讀、職場解讀以及關係解讀。

大部分來做解讀的人，都是想要更了解自己，因為他們有著對自我的疑惑以及工作上的困擾，面對自己的這些問題，想得到一個解答，希望透過人類圖來得到一個答案。

即便是來做個人基本解讀的人，我們也會談到工作上的問題，我都會問他們兩個問題：「你喜歡你現在的工作嗎？」「你想要離職嗎？」

對於「你喜歡你現在的工作嗎？」大約有百分之八十的人的回答是「不喜歡」，然後對於「你想要離職嗎？」也是有百分之八十的人不想離職。

從人類圖的觀點，工作對大多數人（生產者，占人口比例約百分之七十）是最重要的事情，但他們卻做著自己不喜歡的工作，然後又不想要離職，這樣的情況不就好像是溫水煮青蛙一樣嗎？不喜歡這件事，但又不離開，那最後會變成什麼樣子呢？

我也問了這些朋友們，為什麼你不喜歡現在的工作，但卻不想離職呢？

我所得到的最多答案就是：「因為我也不知道我喜歡什麼樣的工作。」所以，即使我不喜歡現在的工作，就算我把現在的工作辭掉，我又不知道我喜歡什麼樣的工作，那如何找下一份工作呢？於是「一動不如一靜」，只好繼續待在現在的工作上，因此也就不會想要離職了。

人類圖鼓勵每一個人做自己，發揮自己的才能來活出自己，當活出真正的自己後，所遇到的人，產生的互動，所經歷的事，才是對自己正確的，本就應該遇到，應該要發生的人、事、物。

如果有那麼多的人，現在做的工作不是他喜歡的工作，並且在他的工作中充滿挫折感，那麼他很可能就是沒有活出真正的自己，也沒有發揮自己的才能，他所遇到的事情以及他的工作，對他而言就可能不是正確的事情及工作。

透過人類圖這一個工具，可以協助一個人去找到自己的才能，當他知道了自己的才能之後，就可以去找到相對應的工作，由於是用自己與生俱來的才能，所以使用這些才能就很容易上手，自然就容易創造出好結果，當可以創造出好結果之後，自然就會讓自己高興，也讓別人高興，自己也就容易更喜歡這個工作，然後再發揮才能，再創造好結果，又更喜歡這工作……進入一種良性循環。

改變需要時間，運用書中的內容找到自己的才能，進而找到能發揮自己才能的工作也需要時間。但了解自己可以努力、嘗試的方向後，最終就有可能找到一個適合自己，也能賺到自己想要的錢的工作。

前言

你的賺錢天賦使用說明書

許多電子產品都有使用說明書，教你在一拿到這項產品時，如何正確的使用它。所以你不會用電鍋來洗衣服，你也不會想要把食物放進電視機裡加熱，為什麼？因為你知道洗衣服要用洗衣機來洗，要用微波爐才能把食物加熱。

另外，你也知道狗就天生喜歡吃骨頭，貓就是會爬樹，魚就整天待在水裡，你對此不會有疑問，因為你知道這是牠們的本性，牠們的天賦才能。

人呢？為什麼人出生時沒有附一張使用說明書呢？讓我們知道這個小孩適合當運動員，那我們就讓他去學運動，以後成為運動健將或是職業運動員。或是這小孩適合當業務員，我們就讓他學習銷售技巧，長大之後去當一個超級業務員來賺很多錢。如果一個小孩出生時，能附上一張這個小孩的使用說明書，對他自己、他的父母及周圍的人，不是一件很棒的事情嗎？

一個人的人類圖，就是他自己的人生使用說明書，因為根據他的人類圖，就能明白顯示這個人的特性、天賦才能、可以發展的方向，根據他的人類圖，他可以強化他的優點，避免弱點帶來的影響，如此一來，就可以趨吉避凶。

在本書，我們談論的重點是賺錢，因此我們強調的才能也是可以運用來賺錢的才能。本書的重點是介紹你有什麼才能，然後，建議你思考如何發揮這些才能，讓你賺到錢。我們不會直接說你適合哪種工作，你要做哪一種工作來讓你賺到錢，他不會說你適合當老師或你適合當業務員，不是以這種方式來介紹，而是說明你有什麼特性，能讓你當一個好老師；你有什麼才能，可以當一個好業務員。因為你發揮了你的特性與才能，成為一個好老師或好業務員後，你自然會因此而賺到錢。

舉例來說，能夠「批評、找出錯誤、更正錯誤」是一項才能，擁有這項才能的人，第一、他可以運用這項才能，去當文字編輯，挑出文章中錯誤的地方；第二、他可以當工程師，找出程式中的 bug；第三、他可以當品管人員，找出瑕疵的產品；第四、他可以當民意代表，找出政策中錯誤的地方。所以他可以從事各式各樣的工作，重點是能夠發揮出他的才能——找出錯誤、更正的工作，就是適合他的工作。

就像洗衣機主要的目標是洗衣服，所以它的特性都是跟洗衣服有關，你不會想要用洗衣機來煮飯，因為洗衣機的功能不適合煮飯。同樣道理，如果你知道了你的才能，你就可以把這些才能用在相關的事情、相關的工作，然後把這項工作做得很好，藉此賺到錢，你自然就不會去做跟你才能無關的工作。

重點在於，我們如何知道「我的才能是什麼呢？」所以，本書的目的，就是要讓大家知道自己的才能是什麼，進而去做能發揮自己才能的工作，然後賺到錢。換言之，本書也可以說是你的「賺錢天賦使用說明書」。

你想知道你的才能嗎？

才能（Talent）指的是，一個人與生俱來擅長的能力（尤其指未經教導的）。

譬如魚天生會游泳，鳥會飛翔，貓會爬樹，這是牠們天生下來就會做的事情，似乎也不用牠們的父母教，牠們自然就會了。

對於動物的才能，我們很容易可以分辨出來，因為我們常看到牠們在做牠們擅長的事情，或者說屬於牠們本能的事情、本來就會的事情，所以我們很容易知道動物的才能。

但「人」的才能呢？由於人是萬物之靈，手腳比一般動物靈活的多，可以做出許多精細的動作，人可以透過語言溝通，表達、創造許多活動或藝術，人的智慧與聰明才智，更可以創造許多前所未有的事物。所以一個人可以做出許許多多、各式各樣的事情，在這些事情中，到底哪些才是一個人的才能？所以想要了解一個人的才能就相對比較困難。

因此，我們便會使用一些性向測驗，透過測驗的結果，試圖分析出一個人的才能，但這些性向測驗大多使用問卷調查，問卷的麻煩之處在於它是主觀認定的，如果在不同的時間做一份相同的問卷，可能會得到不同的結果，所以透過問卷調查所得到的才能有可能因為時間的改變而改變。

透過人類圖，我們很容易可以知道一個人的才能是什麼。為什麼呢？因為人類圖是以輸入一個人的出生時間及出生地而得到的。一個人的出生時間是確定的，所以他的人類圖也是確定的、不會變動的。

通常，我們從一張人類圖可以看到的才能，是這個人是什麼類型？他的人生角色是什麼？他的哪些中心是有顏色的？哪些中心是空白的？他擁有哪些通道？他擁有哪些閘門……我們稱為是這個人的設計，也可以說是這個人與生俱來的才能。

為什麼人類圖上的這些通道、閘門就代表這個人的才能呢？對於這個問題，大家可以這樣想，就好像生肖學或是占星學一樣，會以一個人的出生年分或星座，來描述他的個性或行為模式。而人類圖是以一個人的西元出生年、月、日，甚至細到幾點幾分來計算，所以人類圖也能展示出這個人的個性及行為模式。

更重要的一點，人類圖是一個實驗與實踐的知識。你不用一開始對人類圖的知識就全盤接收，相信它所說的一切都是對的，我們會建議每一個人練習人類圖的知識，實驗看看這知識所描述的內容適不適合你？如果適合，就可以繼續實驗，如果不適合，就可以修改，甚至放棄。人類圖只是一個工具，這世界上有許多有效好用的工具，如果你已經有很好的工具，那祝福你，但如果你還在尋找工具，建議你可以試試看人類圖，看看這個工具能否幫助到你，這才是本書真正的目的。

本書強調的才能是「閘門」。在一張圖中有六十四個閘門，但一個人最多只會擁有其中二十六個閘門，因為有些閘門會重複，所以一個人的閘門數量通常是在二十個左右，你所擁有的閘門就是你的天賦才能，而且本書特別強調的是在賺錢上的天賦才能。由於這些閘門都是用數字來表示，就像是密碼數字一樣，所以就用「財賦密碼」來代表本書的主要內容。

Part 1

人類圖財賦探索

做適合自己的工作，錢自然來

大家都想賺錢！我想絕大多數人都想賺更多的錢。

我曾經在一個場合，對二十個人做一個簡單的調查，我問他們，如果有一個工具，可以讓你更了解自己，你會想要學習這工具的人請舉手？大約十八至十九個人舉手。

我再問，如果有一個工具，可以讓你更了解別人，讓彼此的關係更好，你會想學習這工具的人請舉手？大約十七至十八個人舉手。

再問一個問題，如果有一個工具，可以讓你了解你對愛的看法，你對愛的表達方式，也可以了解別人對愛的表達方式，你想學習這工具的人請舉手？大約十一至十二個人舉手。

我接著問最後一個問題，如果有一個工具，可以讓你了解你的賺錢才能，讓你可以賺更多錢，你想學習這工具的人請舉手。

我本來以為應該是全場二十個人都會舉手，但是很意外的，只有五個人舉手。因為這個結果跟我的預期差很多，因此我在休息時間時，便去問了一些人，為什麼他們對學習賺更多錢的工具沒有興趣呢？他們回答我：「因為覺得沒有希望。」

這個答案讓我很驚訝，但也是個意料之外，情理之中的答案，因為在我解讀人類圖的經驗中，遇過太多太多的人，他們不喜歡自己的工作，但是也沒有想要離職。我也問過他們，如果你不喜歡你的工作，為什麼你沒有想要離職、換個工作呢？

大多數人的回答是：「因為我不知道我喜歡什麼。」「我不知道要換什麼樣的工作。」

賺錢這件事主要是跟工作有關，因為大部分的人都是透過工作賺到錢，但如果一個人不喜歡他的工作，也沒有想要離職，雖然他內心可能想要賺更多的錢，但是他要如何達到呢？除非他能在現有的工作賺到更多的錢，不過如果一個人能在他現有的工作上賺到他想要的錢，他應該是充滿希望的才對。所以我猜想許多人對賺錢覺得沒有希望，是因為現有的工作無法讓他賺到更多錢，他在當下也沒有看到其他的可能性（譬如換個工作或自行創業……等其他的作法），只能卡在現有的工作，所以才會「覺得沒有希望。」

再回到賺錢這件事，賺錢的意思是：「在交易中獲得利潤」。交易可能是你提供商品、服務給其他人，你提供的可能是有形的產品，也可能是無形的服務，藉此獲得利潤（也就是錢）。你可能是農夫，你種菜，在田裡付出勞力，辛苦把菜種到成熟，然後把菜賣給別人，別人給你錢，你主要是付出勞力，賣有形的菜；然後你也可能是一個中盤商，跟農夫買菜，然後賣給超市，你付出的是與人溝通的時間，尋找買家跟賣家，你賣的也是有形的菜；你也可能是個電子商務平台供應者，你創造一個平台，讓一般大眾透過你的平台，就可以買到產地直送的新鮮蔬菜，你付出的是建立一個平台，尋找買家與賣家，主要賣的是無形的服務。

所以，同樣是「菜」，在交易「菜」的過程中，有付出勞力的，有尋找買家賣家的，有提供服務的。有的是商品本身，有的則是服務，有的是有形的，有的是無形的。

再以「菜」來說，有用化肥栽種的，也有用有機栽種的，有平地種植，也有高山種植的，還有許多的品種，因各種差異，產生的賣價也有高有低。

因此，光是在以「菜」賺錢這方面，就有各式各樣的人，用各式各樣的方法來賺錢。而這世界有三百六十五行，各行各業種類都不一樣，因此賺錢真的是一件很複雜的事情。

不過，根本上來說，賺錢這件事還是可以用「一個人如何提供商品、服務來獲取金錢」來解釋。因此，這裡有幾個關鍵字：

第一個關鍵字是「如何」。「如何」代表的是方法或工具，譬如我身強體壯，可以挖土施肥，因此我靠「種」菜來賺錢，或是我擅長與人交際應酬，因此我靠「找買家、賣家」來賺錢，或是我懂得電腦程式，我「設計電子商務平台」來賺錢。

這些方法或工具，我們可以把它轉化成——就是你所擁有的才能，譬如「身體強壯」是你的才能，「擅長與人交際應酬」也是一種才能，「設計電子商務平台」也是一種才能。

每一種才能，都可以有不同的運用與延伸，譬如「身體強壯」，這個才能，可以用來「種」菜，可以用來「搬」磚頭，可以用來「打」拳擊。

「擅長與人交際應酬」這個才能，你可以當賣菜的中盤商，你可以當業務人員，你可以當客服人員，你可以當咖啡廳服務生……等。

所以，運用每一個才能所能做的事情有很多種，所能做的工作也很多元化。

但是，如果你「身體強壯」又「擅長與人交際應酬」呢？你的選擇就變更多了，你可以種菜、搬磚頭、當中盤商、當業務員……等，是不是增加了很多的選擇？而選擇變多了是好事嗎？也不見得，因為太多的選擇就會變成很難選擇。因為大多數人不知如何做決定，不知如何做出對自己來說是正確的決定，擔心自己做錯決定，因此只好停在原地，繼續維持現況。

第二個關鍵字是「商品」。譬如你可以種「菜」，而「菜」就有很多種了，高麗菜、空心菜、菠菜……等，然後，既然你可以種「菜」，那你能不能種「水果」呢？應該也可以吧！「水果」又有很多種，香蕉、鳳梨、蘋果……等，也可以種「樹」，茶樹、榕樹、聖誕樹……等。

第三個關鍵字是「服務」。你可以在市場賣菜，提供客人直接把菜買回去的服務，你可以提供送菜到家的服務，甚至你可以提供把菜煮好，送到客人家的服務……等，服務也有很多種。

所以，對於「一個人如何提供商品、服務來獲取金錢」這件事，把它落實到每個人身上，就可以分解成——「我有什麼樣的才能，並依據這才能，做出適合我自己的選擇，提供相對應的產品跟服務，來獲取金錢。」

因此，我們針對賺錢這件事情要思考的就是：

一、我有什麼樣的才能？

二、我要根據這才能，去做什麼樣相對應的事（工作）？

本書的書名《人類圖財賦密碼》就是要告訴你，你有什麼樣的才能，這些才能就是在你人類圖上所擁有的二十六個閘門，它們有各自的賺錢方式，讓你了解你與生俱來的賺錢才能。

當你知道你的財賦密碼、賺錢才能後，要用來做什麼樣的工作，才能真的賺到錢？要如何做選擇呢？這時候就要知道如何做出正確的決定，因此，我們也將提供你一個適合你自己「做決定」的方式，讓你可以根據自己的才能，做出適合你的正確決定。

當你了解自己的才能，又可以根據自己的才能去做相對應的事，自然而然，你就可以把事情做好，可以創造出好結果。當你能創造出好結果後，自然就會賺到屬於你應得的錢了。

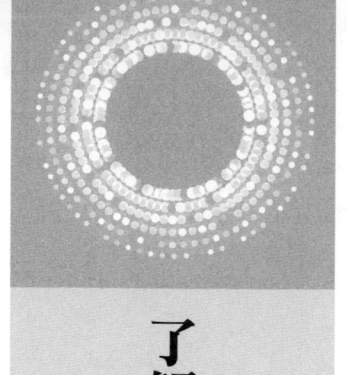

了解自己的財賦密碼

既然本書名為：《人類圖財賦密碼》，在知道你的財賦密碼前，首先要知道人類圖是什麼。

人類圖是什麼？

人類圖是以一個人的西元出生日期、出生時間及出生地，輸入軟體或在人類圖網站上輸入以上資料所得到的一張圖，這張圖稱為人類圖（如圖1）。

人類圖有什麼用？

透過人類圖，可以了解一個人的個性、才能、優點、缺點……等這所有的一切，我們稱之為「設計」。所以人類圖的用途如下：

一、**了解自己**：很多人都想要了解自己，人類圖這項工具可以讓一個人深入的了解自己，包括自己知道的，還有自己不知道的。

二、**了解別人**：我們生活在一個群居的世界，每個人都必須跟別人相處與互動，包含家人、同學、朋友、同事、伴侶……等，因此我們都有

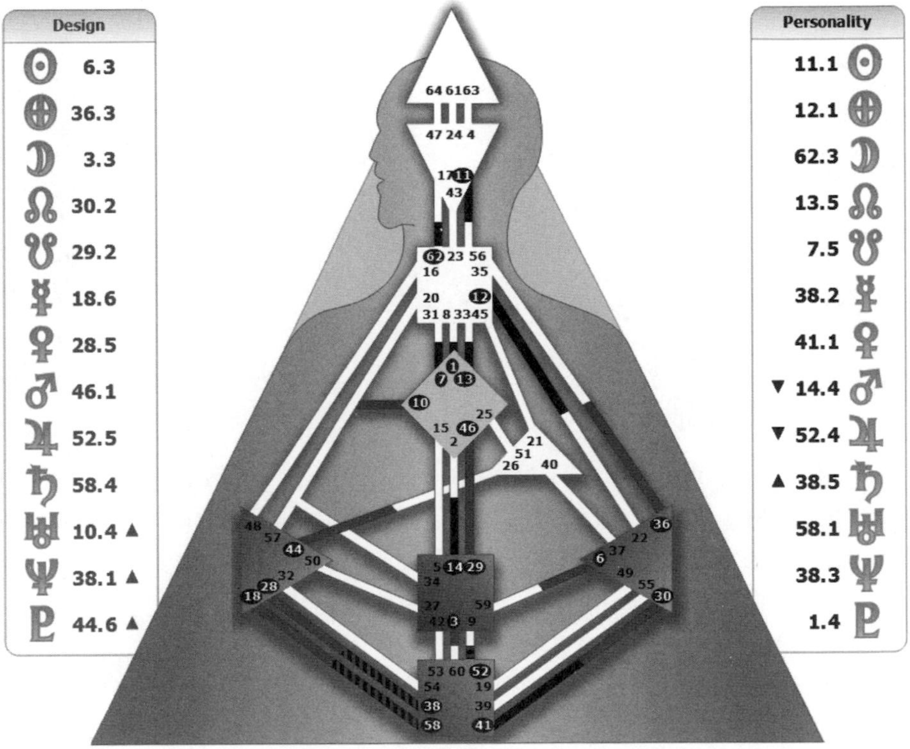

圖1

與人溝通、相處的需求，但如果我們不了解對方，那要如何跟對方溝通呢？透過對方的人類圖，你可以了解自己與對方相同及不同之處，知道如何與對方溝通及相處，進而創造更和諧的關係。

三、**創造一個功能良好的團隊**：這裡的團隊可以是家庭或公司，團隊是由人聚集而成，如何找到對的人，發揮彼此的才能，透過團隊合作，達到團隊所追求的目的，透過人類圖這個工具，讓其中成員知道如何互動，便可以讓團隊發揮最大的效能。

如何看懂這張人類圖？

人類圖的架構，如前頁圖1所示：

首先，圖的左右兩邊有些星球的符號，這些是來自占星學；星球兩側的數字來自《易經》，小數點後有一至六的數字，這是《易經》中每一個卦的六條爻。圖的中間有一些三角形、正方形的圖形，分散在不同的位置，這些稱為能量中心（來自脈輪）。能量中心間有管狀物，我們稱為通道（來自猶太教的卡巴拉）。雖然人類圖是採用占星、《易經》、脈輪、卡巴拉這四種古老知識的架構，但它又不是這四種知識。

人類圖基本元素

- **閘門**：一張人類圖中，固定有數字一至六十四，座落在特定能量中心固定的位置上，稱為六十四個閘門。而在一張人類圖的左邊、右邊各有十三個數字，加起來二十六個數字，代表你所擁有的二十六個閘門，也就是本書將要介紹的財賦密碼中，你所擁有的二十六種不同的財賦密碼——二十六種不同的賺錢方式。
- **通道**：在圖上有很多的管狀物，我們稱為通道。你人類圖上的二十六個數字，會落在你人類圖上的特定位置，如果在一條通道兩邊的數字你都擁有，便表示你接通了這條通道，你就擁有這條通道的才能。

  當一條通道接通時，通道兩邊的能量中心便會有顏色，代表這兩個中心以及這條通道，是這個人此生會一直持續運作、持續擁有的才能，如果你只有通道一邊的閘門而已，代表你沒有接通這條通道，你就不具備這條通道的才能。
- **能量中心**：在圖中間可以看到有三角形、正方形或菱形的方塊，我們稱為能量中心，如果一個能量中心是空白的，代表接到這個中心的所有通道，只有其中一邊有數字（閘門），或者兩邊都沒有數字（閘門），因此這些通道跟這個中心就是空白的，空白中心跟沒接通的通道，代表它們是屬於休眠狀態，也就是平時沒有在啟動的意思。

如果一個能量中心有顏色，就代表這個能量中心和接通這兩個中心的通道會持續運作，它們擁有固定運作的方式。

空白中心如何被啟動？

在兩種狀況下，空白中心會被啟動：

第一種是人的影響。

人類圖強調能量場的存在，每個人的能量場大小是：一個人的手臂伸直與地面平行，想像手臂伸長兩倍當作半徑，以自身為圓心，畫個圓圈，這是一個人的能量場大小。

如果兩個人互相靠近，當其中一個人的能量場進入（接觸）到另一個人的能量場時，就會受到別人的影響，就好像兩個人的兩張人類圖疊在一起，互相產生影響，如果在同一個能量中心，你是空白的中心，而對方是有顏色的，疊在一起後，空白也就會變成有顏色（有人用空白中心被有顏色的中心染色了來比喻）。而且空白中心有一個特色，就是當被對方影響，由空白中心變成有顏色後，會放大對方的兩倍（兩倍只是一個簡單的說法，有時會放大三倍、四倍、六倍……）。

舉例來說，在下頁圖2中，右下角圈起來這個三角形中心是情緒中心，如果你是一個情緒中心空白的人，空白的情緒中心，代表你的情緒沒有固定運作的方式，所以當你是一個人獨處，周圍沒有其他人的能量場干擾的時候，你的情緒會像是湖水一樣的平靜，沒有任何高低起伏。

如果是一個情緒中心有顏色的人，他的情緒從出生、到現在、到死亡都會有固定運作的方式，情緒運作的方式就像是海浪一樣，由高向低，又由低向高，起起伏伏，持續運作，我們稱為「情緒波」。

因此當一個空白情緒中心的人（如圖2的B君），進入一個情緒中心有顏色的人（圖2的A君）的能量場，兩個人會形成一個合圖，然後B君的空白情緒中心會受到A君有顏色情緒中心的影響，因此就會放大對方情緒的兩倍，如果A君心情好，B君就會放大A君的兩倍，變成兩倍的心情好，但如果A君心情不好，B君也會放大A君的兩倍，變成兩倍的心情不好。

空白中心受到他人的影響，還有另外一種情況，如果你的情緒中心是空白的，另外一個人的情緒中心也是空白的，兩個人各自獨處的時候，都是像湖水一樣的平靜，理論上，進入彼此的能量場時，還是會一樣的平靜才對。

但是如果圖3中B君的情緒中心中有22號閘門，C君在這個22號閘門的那條通道的對面，擁有12號閘門。當B君與C君進入彼此的能量場時，兩張圖疊在一起形成合圖，這時B君的22號閘門會接通C君的12號閘門。而當一條通道接通時，兩邊的能量中心就會變成有顏色，因此B君與C君進入彼此的能量場時，兩個人的情緒就不再是像湖水一樣平靜了，而是會暫時性的產生情緒的高低起伏。這兩個人當各自獨處時都很平靜，可是聚在一起時，就會變得心情很好，也有可能會心情低落。

第二種空白中心會被影響的方式是：

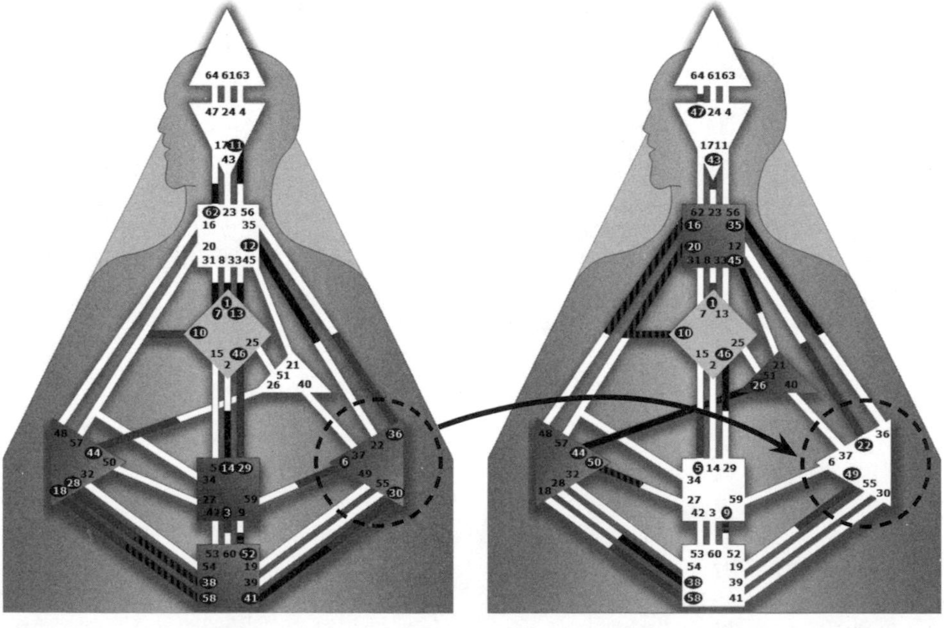

圖2：空白的能量中心會被他人有顏色的中心填滿。

流日或流年。

流日指的是人類圖兩旁的星星的位置每天會移動，它們會以圓形（或橢圓形）的方式移動，譬如太陽每天都會移動位置，一年會繞一圈，月亮則是每個月繞一圈，如果你是情緒空白的人但擁有22號閘門，只要當任何一顆星星移動到12號閘門的時候，它就會接通你的22號閘門，只要那顆星星待在12號閘門的那段時間中，即使你都是一個人獨處，按道理你應該情緒都很平靜，但是因為被流日接通了12－22通道的關係，你在那段時間中，就會處於心情不斷的高低起伏的狀態。所以有人會說，我最近都沒有什麼變化啊，一樣的上

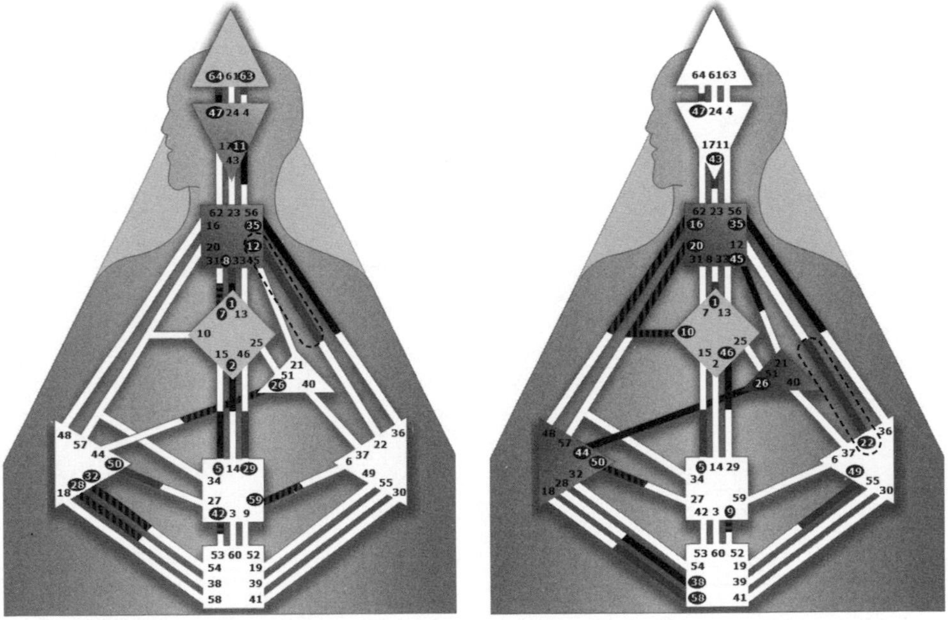

C君　　B君

圖3：當兩個人聚在一起，各持一半的通道就會暫時接通運作。

班、下班，也沒發生什麼事啊。為什麼我最近心情都不好呢？可能就是受到流日的影響。

空白中心有什麼問題？

對方如果心情好，你放大他的兩倍，這問題不大，問題出在當對方的情緒不好時，你同樣會放大對方的情緒兩倍。由於你平時都是處於心情平靜的狀態，而當被對方影響，變成兩倍心情不好的時候，你就會覺得不舒服、不習慣，為了自保，為了回復成原來平靜的狀態，你自然而然的會想要取悅對方，讓對方開心，因為如果對方從不開心變成開心，你也會從放大對方不開心的兩倍，變成兩倍的開心。

所以，取悅別人、不跟別人起衝突，便是這個空白情緒中心的人最常會做的事。

取悅別人、讓周圍的人開心，聽起來不錯啊，有什麼問題呢？

它的問題出在會影響這個人做決定。

做決定的重要性

做決定是人類圖除了了解自己外，最重要的一個重點，甚至比了解自己還重要。為什麼呢？因為人生就是一連串的決定，譬如你要念哪個學校？這是決定。你要選哪個科系？這是決定。你想跟誰當朋友？這是決定。你會跟誰交往、要不要結婚？這也是決定。選什麼工作？這更是決定。要住哪裡？這還是決定……人生當中，充滿了許許多多重要的決定。

可是這個社會、學校，並沒有教我們要如何做出正確的決定。其實不能說都沒有教，我們最常被教導說要多想一想，要想清楚，列出優點、缺點來比較分析，甚至加權計分……等，但這些方法並沒有辦法協助我們做出正確的決定，而人類圖則能提供每一個人，屬於自己做決定的方式與工具。

回到空白情緒中心對做正確決定的影響，因為這個空白情緒中心的人會放大別人的情緒，別人開心他會兩倍開心、別人難過他也會兩倍難過，因此便會儘量避免跟對方起衝突，避免對方難過。

這會產生什麼問題呢？舉例來說，如果這個情緒中心空白的人小時候想念藝術，他跑去跟父母說這件事，父母聽到之後很生氣，跟這小孩說念藝術畢業之後不容易找工作，賺不到錢，要他去當老師，說那才是穩定的工作。

但這個小孩就是喜歡藝術，他就是想念藝術，可是只要一跟父母提，父母就生氣，再次跟父母提，父母更生氣，最後這個小孩因為空白情緒中心的特性，不喜歡跟別人起衝突，害怕對方生氣，到最後他有可能就會選擇妥協，選擇放棄藝術，改去當父母喜歡的老師。

因為這個決定，這世界可能少了一個偉大的藝術家，多了一個普通的老師（請注意這裡並不是說當藝術家就比較好，而當老師就不好，這裡的「藝術」可以改成音樂、電影、美術、創作……等那些不被社會主流價值認為是穩定且有發展的工作，而「老師」可以換成醫師、律師、銀行行員……等社會主流價值所認為好的工作）。

由於我們擁有的空白中心會受到別人的影響，進而改變我們做決定的方式。若是我們沒有察覺到這一點，我們在人生中所做的每一個決定，很可能都會受到外在的影響，而當你做的決定是因為受了別人的影響而做的決定，你的這一個決定是因為別人，而不是為了你自己，這個決定就很可能不適合你。

每個空白中心都會有影響一個人做出正確決定的原因與方法，一個人的空白中心越多，他受到的影響就可能越多。

空白中心是我們的缺點嗎？

空白中心不代表缺點，空白中心是我們可以學習的地方，透過放大對方的能量，你可以向對方學習，你會放大張三的兩倍，你會放大李四的兩倍，你會放大王五的兩倍……由於空白中心會放大對方兩倍這個特性不會改變，所以在年輕時你不知道自己是張三、李四還是王五，到底要怎麼辦才好？因此這個空白中心的特性，在你年輕時就很可能會為你帶來困擾甚至痛苦。

隨著時間的推移，透過後天不斷的學習，慢慢的你會知道三、李四、王五各自的優點跟缺點在哪裡！你學會了自己的判斷基準，慢慢的學習到自己的人生智慧，只是學習人生智慧通常需要時間，常常是年紀越大的人，隨著年紀的增長，與各種事情的歷練，在事情的碰撞中，慢慢的，漸漸學習到人生的智慧。因此，空白中心並不是一個不好的地方，它是我們會被影響的地方，但也是我們能夠學習的地方。

學習人類圖的好處

當你知道你的人類圖中，那些空白中心會如何影響你做決定，然後也知道你有顏色的中心，以它持續運作的方式讓你可以依靠它，做出正確的決定，你就有機會，在每次要做決定時，都能做出適合你的正確決定。

如果你的每個決定都是正確的決定，你向前的每一步都是正確的，自然你的人生就會正確的展開，正確的向前走，你就會擁有屬於你正確的人生。

人類圖非萬靈丹

人類圖不是萬靈丹，也不是宗教、不是信仰，它只是眾多工具中的一種，因此，不要盲目相信人類圖知識中的所有一切。

但是，它是一個可以實驗、驗證的工具，人類圖強調並鼓勵每個人去做實驗，去試試看，看看人類圖所提供的知識適不適合自己，如果適合你，就可以繼續練習，繼續使用。如果不適合，那就修改，甚至放棄都可以，它只是一種選擇而已，但是，強烈建議大家可以試試看，或許，你會得到意想不到的結果。

找到自己做決定的方式

人類圖提供了每一個人依照自己的設計來做決定的方式，首先你要知道自己的人類圖，當你跑出自己的人類圖之後，請先找到你的「類型」（Type）、「策略」（Strategy）、「內在權威」（Inner Authority），當你知道這三種後，你可以對照下面的說明，就可以知道自己如何做決定了。

人類圖把人分成四種類型，四種類型都有各自不同做決定的方式，以人類圖的術語來說，就是要按照各自的「策略」跟「內在權威」來做決定，分別介紹如下：

顯示者（Manifestor）的策略

顯示者做決定的方式是「告知」，「告知」是什麼意思呢？就是顯示者在做任何決定之前，要通知跟這決定有關的相關人等，要跟這決定有關的人說他（顯示者）要做什麼事，說（通知）完後就可以去做了。

主動與被動

要了解四種類型的策略，我們要先說明「主動」與「被動」這兩個名詞。

「主動」是什麼意思呢？就是想做什麼就做什麼，想說什麼就說什麼，想去哪裡就去哪裡，按照自己的想法進行各種事情。

「被動」是什麼意思呢？就是不能主動，要經由外力刺激才能展開行動。

在四種類型中，顯示者是唯一一種可以「主動」的設計。

因此，顯示者可以「主動」去做所有事情，而因為顯示者可以主動發起做事情，所以他們是以前的領導者，近代很多的領導者、企業的創辦人都是顯示者，當他們成功之後，就把他們的成功經驗寫下來，告訴大家要「積極主動」、「若要如何、全憑自己。」、「要努力奮鬥，去開創自己的未來。」因為這是他們成功的方式，他們就會告訴其他人，只要其他人學習他們成功的方式，自然也會取得成功。

因此「主動」也就成為社會的主流價值。

由於顯示者可以主動做事情，不過「主動發起」不是顯示者的策略，顯示者的策略是「告知」，就是在做任何決定之前，要告知跟這決定有關的相關人等，這顯示者要做什麼事，告知完後就可以去做了。

譬如一個顯示者常常換工作時都沒有跟父母說，當被父母發現他又換工作時就被痛罵一頓，認為他沒有定性，都隨便換工作。

當學習人類圖之後，下一次他又想換工作了，想說就來練習「告知」好了，就跟父母說想要換工作了，本以為又會被父母痛罵一頓，沒想到爸爸聽完之後，就淡淡的說了一句，你想清楚就好了。這就是「告知」的力量，因為告知之後，便可以消除周圍的抗拒與阻力，讓顯示者去做想做的事。

請注意，雖然顯示者的策略是「告知」，但並不是說顯示者只要「告知」後，就什麼事情都會成功，都會順順利利，「告知」後還是有失敗的可能，但是因為「告知」跟這事情的相關人等，消除了抗拒，顯示者本身也不再感到憤怒，這對顯示者來說便是一個做決定的方式。

生產者（Generator）的策略

除了顯示者可以「主動」以外，其他三種類型都不能「主動」。許多人第一次聽到這個概念時，都會很驚訝的問：「為什麼？」因為這顛覆了大家的認知，這社會不是要每人都積極主動嗎？怎麼在人類圖裡面，就只有占八％人口的顯示者可以「主動」，其他九十二％的人都不能主動，很多人都很難接受這個說法。

人類圖是一門可以驗證的知識，因此，我們把其他類型的策略說明後，再整合來看「主動」與「被動」的差異。

生產者的策略是「等待回應」，這裡的生產者又分成兩類，我們把它分為純生產者（Generator）和顯示生產者（Manifesting Generator），他們的策略一樣都是等待「回應」。

關於「回應」，我把回應分成兩個部分來介紹，第一個部分叫做「薦骨的聲音」，「薦骨」指的是在人類圖中，中央部分從下往上數來第二個正方形，這就是「薦骨中心」。

很多人對「薦骨」這個名詞覺得很奇怪，其實薦骨是一個在人體內真正的骨頭，就是位在骨盆腔的一塊五角形的骨頭，也就是尾椎骨上方的那一塊骨頭。

「薦骨的聲音」，指的是當一個生產者（也就是薦骨中心有顏色的人）要做決定時，他要把這一個決定（這件事情）化為Yes或No的問句，然後找人來問他，再以發出的聲音，決定要做這件事還是不要做這件事。

譬如說一個生產者在思考要不要買一件衣服，所以他可以把這件事情化為一個問句：「你想買這件衣服嗎？」然後找一個人來問他這個問題。

回答這個問題時，生產者不要用文字、語言來回答，就是不要用嘴巴說出「好」或「不好」、「想」或「不想」來回答這個問題，而是用聲音來回答。如果答案是肯定的，就發出一個肯定的聲音，像是一個強而有力的「嗯」來代表Yes。如果答案是否定的，就發出一個否定的聲音，譬如像是一個虛弱輕微的「哼」來代表No。

我認為「薦骨的聲音」是生產者在一開始接觸人類圖的書籍時，最難理解的部分，因為它是聲音，而在書籍中要用文字來說明Yes跟No兩種聲音的不同，是非常困難的事情。所以我用個比喻，當我們學生時期在學校上課的時候，有天一位老師走進教室跟大家說，因為教這堂課的老師臨時有事不能來上課，所以這節課大家自由活動，一講完後，所有同學就發出「耶！」的聲音，這就像是薦骨發出的Yes。如果一位老師走進來說，大家現在把東西收起來，這堂課要臨時抽考數學，大家就發出「噢！」的聲音，這就像是薦骨發出的No。

另外還有個例子，在你觀看球賽時，譬如籃球賽，當兩隊的分數非常接近形成拉鋸時，這時你喜歡球隊的球員，突然一個精彩的三分球射籃得分時，你可能會發出一個「耶！」的聲音，就像是薦骨發出的Yes。但是如果彈跳之後，就差一點，卻沒進的時候，你可能會發出一個「唉！」的聲音，就像是薦骨發出的No。

回應的第二個部分，我把它稱為「身體的反應」，因為回應是針對你看到的東西、你聽到的聲音、你感覺到的事情，來採取反應，這也稱為「回應」。

譬如你在逛街時，突然看到櫥窗內有一件漂亮的衣服，你就不由自主被它吸引過去，走到它的前面，一直看著這件衣服，就代表你對這件衣服有回應。

另外，很多人都有這種經驗，當他在逛書局時，常常走過去後，然後又走回來，拿起書架上某一本書，這也是「回應」，因為書架上幾百本書，為什麼你會挑出那一本書，就是你對那一本書有「回應」，這是你對「看」到的東西有回應。

你也可能在路上聽到鳥叫聲，就想要去山上走走，這是你對鳥叫聲有回應。這是你對「聽」到的聲音有回應。

回應就是當有外在的事物來到你面前，你因而採取行動，這就叫做回應。

我們介紹了顯示者可以「主動」，但發起前要「告知」，生產者不能主動，要「被動」、「等待回應」，這是很多生產者無法接受的部分，我們來說明這差異。

以找工作來說明，一般人得到工作，大概是兩種方式，一種是主動去找工作，一種是被動得到工作。

主動找工作就是：主動投履歷，主動去應徵，主動去爭取到工作。

被動得到工作就是：經由朋友、同事、家人介紹之後，你才去應徵，或是由別的公司主動找你，獵人頭公司主動跟你聯絡，這些都是來自外在的訊息，你回應之後採取行動才得到的工作。

我們說人類圖是一個可以驗證的知識，因此，如果你是生產者，請回想過去的工作經驗，是主動去找的工作比較順利，比較好？還是被動的，別人介紹的工作比較順利、比較好？

大多數的生產者回想之後，就會發現，好像都是被動得到的工作比較順利、薪水比較高、結果比較好。而自己主動去找的工作，即使順利被錄取，最後的結果好像都不太好。

為什麼呢？這就是因為你在做「找工作」的決定時，符合你的策略——「等待回應」，而做出的決定，就會是適合你的決定，結果就會比較好。

但為什麼沒有按照生產者的策略「等待回應」，反而採取主動發起而做的決定，就很容易結果是挫敗呢？

因為「主動」是八%顯示者才能做的事情。由於這些顯示者的宣傳告訴大家他們主動發起，順利成功被錄取的經驗，強調大家要「主動」，這社會也希望大家「主動」，我們不知不覺的認為，「主動」是對的，「主動」是好的。尤其，幾乎每個父母，都希望自己的小孩能自動自發，「主動」做事情，譬如主動去洗澡，主動來吃飯，主動去做功課，不要爸爸媽媽在背後一直催。所以，大部分的父母，都期待小孩能「變成顯示者」。

所以生產者們就被這種氛圍影響，便覺得自己要積極主動去找工作，但只有顯示者可以主動，若生產者也學著主動去做事情，就很容易失敗，因而產生挫折感、挫敗感。

如果生產者是因為別人介紹而對某工作有回應，再去應徵且被錄取，他做這份工作就會比較順利，因為他是採用生產者的策略——「等待回應」來做決定。

我們說人類圖是一個驗證的學問，各位生產者可以回想，過去的工作經驗，是不是「主動」去找的結果比較糟，「被動」回應的結果反而比較好？

雖然只有顯示者能夠「主動」發起，其他類型都不行，但並沒有人規定說其他類型的人都不能發起，只是其他類型的人若主動發起的話，大多數的情況都會失敗，只有少部分會成功，而且失敗的時候會很痛苦，但是如果生產者等待「回應」的話，大部分的情況會成功。當然有時還是會失敗，只是失敗時相對比較不會痛苦。

「發起」跟等待「回應」最大的區分點，在於你的起心動念，如果你有一個企圖心想做一件事，這就是發起，如果你沒有任何想法，只是等待事情來到面前，再採取行動，這就是回應。

我聽過好多生產者都有這樣的經驗，在跟朋友聊天時，聊到最近的工作做得不是很順，感覺不是很開心，朋友就跟他說，剛好我們公司最近有缺，你要不要來試試看？這個生產者就去試了，然後就被錄取了，之後在這家公司也做得很開心。

因為這個生產者是針對他朋友提出的訊息（剛好公司缺人）而回應，然後換了工作，這就是因為「回應」來決定新的工作，就會比較順利。

投射者（Projector）的策略

投射者的策略叫做「等待被邀請」，意思是投射者的工作，最好是被別人邀請，然後再去做這份工作的結果會比較好。

跟前面生產者的狀況類似，投射者如果主動去找工作，結果通常不太好。因為投射者也不能「主動」，只要投射者主動出擊後，通常很容易失敗，因而產生苦澀的感覺。

適合投射者決定工作的方式，是「等待被邀請」，最好是別人先看到這個投射者的才能，然後邀請他來做這份工作，這對投射者來說，是最適當的方式，他才會在這份工作上發揮他的才能，做得很好。

很多人會問「等待回應」跟「等待被邀請」有什麼不同呢？不同的地方是，「等待回應」的生產者可以因為看到路上的海報來回應，可以聽到電台的廣播聲音來回應，可以因為外在環境的種種訊息來回應，因此回應的方式可以很多元。

但是投射者的「等待被邀請」通常是來自「人」的邀請，而且是越正式的邀請越好，一定是有個人來邀請你去做某個工作，或有人邀請你去找工作，當你接受這邀請，開始去找工作或開始去應徵後，所得到的結果會比這個投射者主動去找工作來得順利、來得好。

譬如我是一個投射者，在第一份主動找的工作一年後，在跟朋友聊天時，我提到了正在思考下一步的可能性，我朋友跟我說，她有個朋友在藥廠做業務代表，做得很不錯，因為她知道我是獸醫系畢業的，就問我有沒有興趣去藥廠工作。

當時，我不知道這就是「邀請」，不過我還是接受了朋友的建議，由她的朋友將我的履歷轉給人事經理，但與人事經理第一次面試完後，人事經理跟我說：「Alex，我們藥廠的業務代表都是藥學系畢業的，雖然你在獸醫系有念過藥理，但可能還是不太適合。」

這次面試失敗後，我也沒有覺得很失望，覺得沒有成功也沒有關係，可是過了兩個星期，那位人事經理又打電話給我說：「Alex，我們醫療器材公司這邊有個職缺，我覺得這職位很適合你，希望你再來面試一次。」我去跟兩個醫療器材部門的經理面試，面試完後他們就錄取我了，這兩位經理跟我說，在過去三、四個月他們面試了好幾十個人，都沒有合適的，而因為我是獸醫系，算是醫學相關背景，所以他們一看到我就覺得我很適合，因此我就被錄取了。

回想那次的經驗，雖然第一次面試也是被邀請，可是人事經理可能是因為同事的推薦，才找我去面試，就沒有成功。第二次面試是人事經理看到了我的才能（獸醫背景），在看到了我的才能之後而發出的邀請，對我就是一個適合且正確的邀請，也從這個邀請，我開始了將近二十年的醫療器材的職涯。

反映者（Reflector）的策略

反映者的策略，是要等二十八天之後再來做決定。這對許多人來說是很不可思議的事情，為什麼要等這麼久？

反映者整張圖的設計都是空白的，他沒有通道，因此他沒有中心有顏色，他沒有持續運作的方式，跟其他三種類型比較，反映者受流日（每天星象的位移）的影響很大，而在所有行星的影響中，月亮的影響最大，因為月亮每一個月會走完六十四個閘門一圈，因此反映者要觀察每天月亮在自己圖中的位置，當月亮走到這個反映者所擁有閘門的某條通道的對面閘門時，就暫時啟動了那個閘門，讓反映者暫時擁有這整條通道的才能。當月亮走完一圈（大約是二十八天），依序啟動每一個原先休眠的閘門後，就好像讓每一個閘門都表達意見後，反映者才能做出決定。不過這邊指的是重大決定，像是工作、婚姻、搬家……等重大決定。譬如有個工作找上反映者，最好不要馬上決定接受或不接受，而是要開始想，在經歷二十八天之後，如果還是想做這個工作，就接受這個工作；如果想著、想著覺得不想去，就拒絕這個工作。如果在等待的過程中忘了這件事，就代表這件事不重要，也不用做決定了。

有一位反映者由朋友介紹他去某間公司面試，面試完後，他開始思考要不要去這家公司上班，朋友都催他如果你想去就趕快做決定，免得公司找了別人，你就失去機會了。但他還是一直想，等過了一個月，他決定要去那家公司上班，而公司剛好也還沒找到人，他於是就去上班了，後來工作的也很好。

以上簡單介紹了四種類型的策略，但是還要加上「內在權威」，才是每個人做決定的方式。

七種不同的內在權威

人類圖中的四種類型擁有各自的策略，這是他們做決定的方式，譬如顯示者要「告知」，生產者要「等待回應」，投射者要「等待被邀請」，反映者要「等二十八天之後再來做決定」。

在人類圖當中正確做決定的方式，是要按照你的策略跟內在權威來做決定，所以除了策略之外，還要加上內在權威，才是一個人完整做決定的方式。

很多人不太懂「內在權威」是什麼意思？權威（Authority）簡單的定義是正當的權力，其具有影響他人行為的能力；而內在（Inner），表示裡面的、內心的，所以「內在權威」，你可以想成在你內在的身體裡，有一個權威，它擁有影響你、控制你的權力，稱為內在權威。

1. 情緒內在權威

情緒內在權威（Emotional–Solar Plexus）——只要情緒中心有顏色，就是情緒內在權威的人。

情緒內在權威的人，做決定的方式，就是在他的情緒週期結束之後，在情緒高點跟情緒低點，對同一件事情都有相同的想法，就可以做出決定。譬如心情不好時想換工作，心情好時也想換工作，那就可以換工作。

原因是由於情緒中心有顏色的人，情緒會隨著時間的推移而高低起伏，而且在不同的情緒狀態下，對事情的看法會不一樣。譬如在心情好的時候的想法，跟心情不好的時候的想法，就可能會不一樣。

因此情緒內在權威的人不適合在當下做決定，如果只是因為心情好、開心就做出決定，譬如拿了獎金之後就去大吃大喝，隔天起床就後悔了；或者因心情不好、憤怒就做出決定，譬如被老闆罵了一頓之後很生氣，當場就遞出辭呈，但是第二天就後悔了。所以情緒中心有顏色的人，切記不要在當下做決定，否則很容易做出不恰當的決定，或者做出決定之後，過一段時間就會後悔。

以下，我們把各種類型加上內在權威合在一起來說明如何做決定。

情緒內在權威的生產者

如果你是一個情緒內在權威的生產者，有一天你因為一件小事被老闆罵得狗血淋頭，回到位置，你的同事看你臉色不好，問你怎麼了？你說你剛剛被老闆罵得很慘，你很生氣，這時你的同事問你一句：「你想離職嗎？」你的薦骨發出「嗯。」——肯定（Yes）的聲音，你便開始想離職的事情，等過兩天是發薪水的日子，領了薪水，用薪水去買了一直想買的外套，又跟這個同事一起去吃了一頓大餐，犒賞一個月來的辛勞，心情開心得不得了，這時你同事又問了你一句：「你還想離職嗎？」這時你的薦骨發出「哼！」——否定（No）的聲音。由於你心情不好（被老闆罵）跟心情好（領薪水）時，薦骨對離職這件事情所發出的聲音不一樣，因此你還不適合做出離職的決定。

如果你被老闆責罵後，情緒很低落時，薦骨對離職的回應是「嗯。」肯定的答案；在吃完大餐，心情開心，同事問你：「你還想離職嗎？」薦骨的回應也是「嗯。」肯定的答案，那這時候你就可以準備離職了，因為你在情緒低點跟高點的回應都一樣。

這邊有個重點，越重大的事情要等越久越好，因為需要經歷情緒的高低起伏後再來做決定，因此需要一段時間，來得到情緒的清明。

以上是情緒內在權威生產者，做決定的方式。

情緒內在權威的顯示者

如果你是情緒內在權威的顯示者，有一天你因為一件小事被老闆罵得狗血淋頭，回到座位，你的同事看你臉色不好，問你怎麼了？你說你剛剛被老闆罵得很慘，你很生氣，這時你的同事問你一句：「你想離職嗎？」不管你有沒有發出「嗯。」或「哼！」的聲音，你都不能依據聲音來判斷Yes或No，因為只有生產者才能用薦骨的聲音來做決定。

所以你要去察覺，你在心情不好時——譬如被老闆責罵後，想要離職，然後等到跟同事吃完大餐之後，在心情很好的情況下，你依然想離職，你在情緒高點跟低點時都是想離職的，這時，你就可以「告知」跟你離職這個決定相關的人，譬如家人、伴侶，你的同事，跟他們說因為……所以你要離職了，告知完後，你就可以做離職這件事了。

情緒內在權威的投射者

如果你是情緒內在權威的投射者，有一天你因為一件小事被老闆罵得狗血淋頭，回到座位，你的同事看你臉色不好，問你怎麼了？你說你剛剛被老闆罵得很慘，你很生氣，這時你的同事問你一句：「你想離職嗎？」你也是不能用薦骨的聲音來決定，就算你同事問：「你想離職嗎？」切記，這是一個詢問，不是一個邀請，也不能因為同事問了這句話，就開始想要離職。

當你回家之後，臉色還是很難看，家人問你怎麼了，你說了今天工作的情形，這時，你媽媽說了一句：「我覺得你在這公司待得也不快樂，你的才華沒有得到發揮，你那麼會畫畫，圖畫得那麼好，你阿姨跟我說他們公司最近要找一個會畫圖的美編，你要不要去試試看？」這是一個邀請，你覺得這邀請還不錯，但不要馬上答應，等過幾天跟同事吃完大餐，心情很好時，覺得媽媽的邀請好像是一個好的選擇，由於情緒高低點都一致了，便可以接受這個邀請，去阿姨的公司面試工作。

這邊要做個說明，由於人與人之間對話是連續性的，是有前因後果的，加上各種不同的情境，因此如果是在前面的敘述中，當同事問你：「你想離職嗎？」加上之前的互動，你覺得這是同事對你提出的邀請，那你也可以開始思考離職這件事情，在經過情緒週期後，在情緒的高點跟低點都有相同的結論，就可以做出決定。

如果你是情緒內在權威的反映者呢？不可能有這種設計，因為反映者所有的能量中心都是空白的，所以反映者都是無內在權威的設計。

在有時間壓力下的決定

有些時候，有些事情沒辦法等你那麼久，沒辦法等你經過情緒高點、低點都一致後，再來做決定，對方要求你馬上做決定，那怎麼辦？譬如說你去應徵的公司，要你當下回覆可不可以下星期一開始上班？建議你跟對方說，可不可以明天再給答覆？因為經過一個晚上的時間，你可以對照你睡覺前的想法，跟隔天起床後的想法有沒有一樣，如果一樣就可以做出決定，一樣的意思是指睡覺前想接受，起床後也想接受，那就回覆對方「好」；或者是睡覺前不想接受，起床後也不想接受，那就拒絕對方。

如果睡覺前想接受，起床後不想接受，兩個不一致怎麼辦呢？那就問對方能不能再多給你一些時間，因為你還無法做決定。如果對方無法接受，那就算了，這個工作可能不是適合你的工作。

再次強調，人類圖是一個實驗與練習的知識，對於情緒中心有顏色的人需要等待，很多人很難接受，因為他們很急，會覺得當我去應徵工作時，老闆問我明天可不可以來工作，我當然要馬上說好才對啊。如果我還跟老闆說可不可以明天再回覆他，老闆會不會覺得我拿翹，就不用我了？我當然要馬上就答應他啊。

建議大家可以想出一個好的說法，讓老闆也覺得比較舒服，譬如跟老闆說家裡有些事情要處理，希望老闆讓你回去跟家人討論一下，能不能在這一週完成，這樣下週一就可以來上班，所以希望老闆能讓你第二天再回覆。我想大多數的老闆都是會給員工時間的。

大家可以練習看看，對情緒中心有顏色的你，以後當你要決定事情的時候，一種方式是馬上就做出決定，另一種方式是跟對方爭取一些時間，想一想後，在情緒高點跟低點都一致後再做出決定，這兩者結果有沒有不同？

透過練習、驗證，你才會知道，「等待」對你所產生的價值是什麼？

2. 薦骨內在權威

薦骨內在權威（Sacral）是你的情緒中心空白，但是你的薦骨中心有顏色，你就是薦骨內在權威。

薦骨內在權威的生產者

薦骨內在權威的人一定是生產者，因此，你只要用你的薦骨聲音來做判斷就可以了，如果薦骨的回應是Yes，你就做；如果薦骨的回應是No，就不要做。

如果你是薦骨權威的人，有一天因為一件小事被老闆罵得狗血淋頭，回到座位，你的同事看你臉色不好，問你怎麼了？你說你剛剛被老闆罵得很慘，你很生氣，這時你的同事問你一句：「你想離職嗎？」你的薦骨發出「嗯。」肯定的聲音，那你就可以準備離職了。

只是要注意的是：因為薦骨只會回答Yes或No，所以問問題的技巧就很重要，要問出對的問題，才能得到對的答案。

以前面的情況為例，並不是同事問你：「你想離職嗎？」你的回應是「嗯。」肯定的答案，你就馬上遞辭呈了。

你可以多問一些問題，譬如：「你想今天去遞辭呈嗎？」「你想一個月後去遞辭呈嗎？」「你想三個月後去遞辭呈嗎？」「你想半年後去遞辭呈嗎？」「你想一年後去遞辭呈嗎？」薦骨的聲音可能是一個月、三個月是No，到六個月才是Yes。那就要等六個月後再離職。

另外，其實還可以問更多的問題來釐清你的想法，譬如：「你討厭你的老闆嗎？」「你覺得你老闆很愛發脾氣嗎？」「如果你能調部門，你還想離職嗎？」有可能你只要不跟這個老闆相處，你就不想離職了。

還有些建設性的問題可以問，譬如：「你覺得老闆罵的事情，你真的是做錯了嗎？」「你當時可以不要犯這個錯嗎？」「如果你細心一點，是不是就不會出錯了？」「你覺得老闆罵你，是為你好嗎？」透過這些事情的釐清，也有可能讓你看到更多的面向，就是整件事情不全然都是老闆的問題，如果你更細心一點，多注意一點，或許這個錯誤就不會發生了，也因此為你打開了學習的機會。

不過，要怎麼問問題，是由你自己決定，你也可以尋求其他人的協助，但是，對生產者來說，如何問出好的薦骨問題，問出好問題的技巧是很重要的。

對剛學習人類圖的人，我會建議先從小事情開始練習，譬如喝飲料、吃飯、逛街、看電影等這些小事，去練習看看用薦骨來做決定之後的結果會如何？譬如喝飲料時，找人問你：「你想喝飲料嗎？」「你想喝可樂嗎？」「你想喝咖啡嗎？」「你想喝紅茶嗎？」再看你薦骨對哪一個的回應是Yes，就選那一個答案。

你可以從小事情開始練習，慢慢的，如果你越來越習慣、越來越有信心，就可以開始用在比較大的事情上面。因此，我們不會建議一個生產者在剛知道人類圖後，當朋友問他：「你想離職嗎？」他的薦骨發出Yes的聲音，然後就去遞辭呈了。

3. 直覺內在權威

直覺內在權威（Splenic）——你的情緒中心、薦骨中心都空白，但直覺中心有顏色，就是直覺內在權威的人。

直覺內在權威的人，就依照你當下的直覺做決定，直覺覺得對就做，覺得不對就不要做。

直覺內在權威的人，只有顯示者跟投射者，不會有生產者，因為生產者一定是薦骨有顏色，生產者只有兩種內在權威，一種是情緒中心內在權威，另一種是薦骨內在權威，只有這兩種。

直覺內在權威的顯示者

如果你是直覺內在權威的顯示者，當你有個直覺要去做一件事情，你就「告知」跟這決定相關的人等，讓他們有心理準備然後你就去做。

或是當你要去做一件事情，你要去告知相關的人等前，直覺覺得不對，就不要做。

直覺內在權威的投射者

因為投射者一定要先有邀請，才能做決定，所以，在邀請到來的當下，透過你的直覺來判斷，如果你的直覺覺得對，你就接受，如果直覺覺得不對，就不要接受。

要注意的是，因為直覺很微弱，你很容易忽視它，但直覺中心的功能是為了保護你的安全。如果這件事情有問題、有危險，它一定會提醒你，不過，它只會講一次而已，錯過就沒有了。所以直覺內在權威的人，要練習在做決定時注意自己的直覺。

如果要做這決定時，直覺沒有說對，也沒有說不對，那怎麼辦呢？那就代表這件事情做也可以，不做也可以。

特別提醒直覺內在權威的投射者，以及有直覺內在權威投射者的家人、朋友的人，因為投射者是要等待被邀請，然後在邀請的當下，覺得對就接受，不對就不要接受；但重點是，直覺是當下的直覺，意思是過一段時間後可能會改變。所以如果你星期一時約一個直覺內在權威的投射者說：「週末要不要一起吃飯？」他當下的直覺覺得不對，所以回答「不要」，一般人可能就覺得算了，但如果星期四時，你又打一次電話給這個直覺內在權威的投射者，再問一次：「週末要不要一起去吃飯？」這時他當下的直覺覺得對，就回答「好」，那你們就可以週末一起去吃飯了。

所以，直覺內在權威的投射者，不要覺得上次拒絕別人，這次卻要接受，這樣變來變去的不太好，只要注意你當下的直覺就好，由當下的直覺來做決定。

如果你有直覺內在權威的投射者朋友，你對他提出邀請，但他拒絕，只代表他在當下不想，不代表明天、後天、一星期後他還是拒絕，如果你真的看到他的才能，想要邀請他，可以多試試在不同的時間點，再邀請他。

但是，到底什麼時候，直覺內在權威的投射者會接受邀請呢？這只有他自己才能知道。

另外，建議直覺內在權威的投射者，不要覺得別人一直邀請你就覺得很煩，因為可能對方真的看到你的才能才來邀請你。而對於邀請直覺內在權威投射者的人來說，也不要覺得對方拒絕你就生氣難過，可能只是時機點不對而已。不過，到底對方會不會一再邀請？以及直覺內在權威的投射者要被邀請幾次以後才會答應？就只能看因緣際會了。

4. 意志力內在權威

意志力內在權威（Ego）——你的情緒中心、薦骨中心、直覺中心都空白，但意志力中心有顏色，就是意志力中心內在權威。

意志力內在權威的人，做決定的方式，就是你有多想做這件事，你有多強大的意志力，依靠你的意志力，一次一件事，去完成你要做的事。

意志力內在權威的顯示者

意志力內在權威的顯示者，你想做一件事情，看你有多強大的意志力，你想要什麼？然後「告知」相關人等你要做的事情後，就去做這件事。

意志力內在權威的投射者

意志力內在權威的投射者，你要先被邀請，邀請後，要不要接受這邀請，就看你有多想要，多迫切想接受這邀請？還是對這邀請沒什麼感覺？如果你覺得還好，那可能不見得要接受這邀請，如果你覺得很想要，你非得到不可，就接受這邀請。

5. G中心（自我投射）內在權威

G中心（自我投射）內在權威（Self Projected）——你的情緒中心、薦骨中心、直覺中心、意志力中心空白，G中心有顏色，就是G中心內在權威。

G中心內在權威的人，做決定的方式有兩種。第一種就是在人生中的某個階段，自己內心會響起一個聲音，要你去做一件事情。

你可能會聽過，有些人某天突然離職，說要去非洲當國際志工，他可能就是G中心內在權威的人，因為來自內心的投射，因而做這個決定。

第一種方式，在一個人的一生中發生的次數可能不多，所以更常見是第二種方式。由於G中心內在權威的人都是投射者，投射者要等待被邀請，當被邀請後，他決定的方式是，他需要去跟其他人談話（可以是一個、兩個、三個或一群人，像是智囊團或是親友團一樣），在跟他們談話的過程中，並不是要聽別人給你的建議，而是要看在過程中，什麼結論從你的嘴巴說出來，這就是你做決定的方式。

記住，不是在談話過程中你「想」到的，而是你所「說」出來的。

6. 無內在權威（投射者）

無內在權威——你的情緒中心、薦骨中心、直覺中心、意志力中心、G中心都空白，然後有三種不同的組合，一種是喉嚨中心、邏輯中心、頭中心三個都有顏色；一種是喉嚨中心、邏輯中心有顏色、頭中心空白；一種是喉嚨中心空白、邏輯中心跟頭中心有顏色，這三種都屬於無內在權威。

無內在權威的投射者

無內在權威的投射者，做決定的方式，是要先有邀請，然後跟其他人談話（可以是一個、兩個、三個或一群人，像是智囊團一樣），在談的過程中，並不是要聽別人給的建議，而是要看在過程中，什麼結論從你的嘴巴說出來，這就是你做決定的方式。

各位可能會發現，這方式就好像是跟G中心內在權威的人做決定的第二種方式一樣。是的，方式是一樣的，但是有一個不同點，就是「空間、地點」是無內在權威做決定前要注意的重點。無內在權威的人，必須在「對」的空間、地點，才能跟別人談，然後看什麼東西從自己的嘴巴說出來，而G中心內在權威的人則不需考慮空間、地點，在任何地方都可以談。

這裡說的「對」的空間（更重要的是不能在「錯」的空間談），「對」並不是說豪華、漂亮就是對，「錯」也不是髒亂、老舊就是錯，而是當一個G中心空白的人，他進到一個空間、地點，感覺不對，那就是「錯」。G中心空白的人，如果到一個「錯」的空間、地點，接下來發生的事情、遇到的人，都會是錯的事情、錯的人，所以無內在權威的人一定要特別注意，要在「對」的地點才可以。

7. 無內在權威（反映者）

無內在權威（反映者）——反映者全部的中心都是空白的，必定屬於無內在權威。反映者做決定的方式，第一種是等待二十八天之後再做決定（請參見第50頁反映者類型的策略描述）。

另一種則是跟無內在權威的投射者一樣，要去跟其他人聊，而且是要在對的空間、地點聊，然後看什麼東西從自己的嘴巴說出來，這就是反映者做決定的方式。

閘門屬性：家族人、社會人、個體人

在一張人類圖中，可以看到許多的管狀物，我們叫做通道，也可以稱為「生命動力」，因為如果你擁有一條通道的兩邊閘門，這條通道就會接通，接通之後代表你擁有這條通道的特質，而且是你從出生到死，一直都會擁有，因此我們會把通道稱為是一個人的天賦才華。

不同的通道有不同的屬性，我們用動物來比喻讓大家比較容易明白，譬如沙丁魚常一大群聚集在一起（像是家族人通道），麻雀常一小群聚集在一起（像是社會人通道），豹子大部分單獨行動（像是個體人通道）。

人類圖的通道可以分成四種類型，「整合通道」、「個體人通道」、「社會人通道」、「家族人通道」，因為本書主要在介紹閘門，整合通道的閘門跟個體人通道的閘門是一樣的，因此我們在此只把它分成三種通道。

家族人（或稱部落人）通道，以前我們是一個部落聚集在一起，現在則多為家族聚集在一起。

有「家族人通道」的人會重視部落、家族、家庭、家人，關鍵字是支持，意思是家族人會支持對方，也希望對方支持自己。

有「社會人通道」的人則會重視朋友、同事、同學，關鍵字是分享，他會跟別人分享他的想法跟體驗，因為社會人重視模式、框架，因此社會人比較會重視好壞對錯。

有「個體人通道」的人則是重視自己，只關心自己，在乎自己的特立獨行，與眾不同，他不想跟大家一樣，個體人的關鍵字是激勵，激勵的意思是當一個個體人活出自己的特立獨行，他就會激勵其他個體人也會想要活出他們的特立獨行。

另外，通道兩邊的閘門會共同形成一條通道，所以這兩個閘門彼此之間會有特殊的關係，在本書某些閘門的介紹中，也會提到對應通道的閘門，因為同一條通道的兩個閘門，有時會有前因後果的互動情況，所以有時也會介紹另一個閘門。

下面的表列出了每個閘門是屬於個體人（簡稱：個）、社會人（簡稱：社）還是家族人（簡稱：家），讓大家可以對照他們的屬性，同時列出所屬通道的對應閘門，讓大家容易查詢。

閘門	1	2	3	4	5	6	7	8	9	10	11	12	13	14	15	16
對應通道閘門	8	14	60	63	15	59	31	1	52	34	56	22	33	2	5	48
通道屬性	個	個	個	社	社	家	社	個	社	個	社	個	社	個	社	社

閘門	17	18	19	20	21	22	23	24	25	26	27	28	29	30	31	32
對應通道閘門	62	58	49	57	45	12	43	61	51	44	50	38	46	41	7	54
通道屬性	社	社	家	個	家	個	個	個	個	家	家	個	社	社	社	家

閘門	33	34	35	36	37	38	39	40	41	42	43	44	45	46	47	48
對應通道閘門	13	10	36	35	40	28	55	37	30	53	23	26	21	29	64	16
通道屬性	社	個	社	社	家	個	個	家	社	社	個	家	家	社	社	社

閘門	49	50	51	52	53	54	55	56	57	58	59	60	61	62	63	64
對應通道閘門	19	27	25	9	42	32	39	11	20	18	6	3	24	17	4	47
通道屬性	家	家	個	社	社	家	個	社	個	社	家	個	個	社	社	社

創造本書最大價值的方法

這一章節可能是本書最重要的段落，請大家一定要看完這一篇，再去看接下來的六十四個財賦密碼的賺錢方式，免得產生很多困惑及不明白的地方。

閱讀六十四個閘門時，有幾個重點大家先掌握後，就可以按圖索驥，達到事半功倍的效果：

重點1

要看這六十四個閘門的內容前，請先看自己有的那二十六個閘門，就是在你的人類圖裡面左邊、右邊的兩排數字，這些是你擁有的閘門，這是你與生俱來的天賦才能，也就是你所擁有的財賦密碼。建議各位，先看你有的這些閘門，不要先看你沒有的閘門。

重點2

在看你擁有的這些閘門時，你一定會有些閘門看得懂，內心對書上的描述有相呼應的想法。但是，一定也會有些看不懂，不知道它是什麼意思？你會產生這樣的問題：「這真的是我的才能嗎？為什麼我都看不懂？」覺得很困惑，所以我要先讓你知道，這是正常的，原因如下：

1. 你的人類圖右排的數字是黑色的，左排的數字是紅色的，這兩者是有所差別的，從人類圖的觀點，黑色的部分是你有意識的，你可以察覺到的，我們會說那是你所知道的自己。

紅色部分是屬於你的潛意識部分，是你沒有察覺的部分，我們會說那是你不知道的自己，但是，紅色的部分卻是你在外面世界所展現出來的行為，也可以說，紅色部分是別人眼中的你。

隨著每個人年紀的增長，你對事情的處理方式、你與人的互動、別人給你的回饋，慢慢的，你所認知的自己（黑色的部分），別人也會看得到。然後，紅色的部分（潛意識、原先你不了解的部分），因為後天的經歷，你也會慢慢了解它是如何在運作的。

但是，紅色的部分確實是我們比較不容易察覺的特質，因此，在你紅色那一排的閘門，可能就會是你比較看不懂的部分，因為你對這部分的你比較沒有察覺，即使你有表現出紅色閘門的才能，但是，你卻對此沒有任何感覺。

因此，你可以跟認識很久的朋友或家人聊一聊，你可以先告訴他們這些你不太明白的紅色閘門所描述的內容，然後再問問他們，從他們的角度來看，在你過往的行為，你所展現的自己，有表現出紅色閘門所描述的行為嗎？他們的回饋可能會讓你很驚訝。

2. 請看看你的人類圖，你會發現，圖上的九個能量中心（就是三角形、正方形、菱形的那些地方），有些是有顏色的，但有些是空白的。這兩者的區別是：有顏色的能量中心是你從出生、到現在、到死亡，這個中心的特質都是持續在運作的。因此，位於有顏色中心裡的閘門，也是你從出生、到現在及至死亡，都持續在運作。有顏色中心裡的閘門你可能比較明白，也比較熟悉。

空白能量中心平常是處於休眠的狀態，也就是說它沒有固定運作的方式，有時休眠，有時會被啟動，空白中心會被啟動的方式，是遇到某些人或在流日的影響下，才會被接通、被啟動。空白中心裡面的閘門，有可能常常處於休眠的狀態，而休眠就是沒有在運作，你可能會對空白中心裡的閘門就比較不熟悉。

3. 每一個人對自己擁有的才能的了解程度、熟悉程度，可能不一樣，譬如，你在學生時代念書時，應該不會每一科的表現都一樣，可能文科好一點，理科比較差，國文比較好，英文差一點，對自己擅長的就會多念一點，對自己不熟悉的就比較少接觸。

以顏色來說，每個人的喜好都不一樣，很少人的衣櫃中，紅橙黃綠藍靛紫所有顏色的衣服都一樣多，大部分的人都會有偏好。

吃的食物方面，每個人喜歡的食物都不一樣，有人喜歡吃飯，有人喜歡吃麵，有人喜歡西式早餐，有人喜歡燒餅油條，大家都不一樣。

再以我們的手腳來說明，你對你的左手、右手、左腳、右腳都一樣熟悉嗎？大多數人都是右撇子，在使用左手時總是比較不順。但我有個朋友很愛打籃球，他是右撇子，都是用右手在投籃，有段時間因為車禍右手骨折，在那段時間無法用右手打球，可是他太喜歡打籃球了，所以他還是到籃球場，一個人在籃框下，用左手投球，投著、投著，慢慢的，他開始可以把球投進籃框了，再慢慢的，他左手投球越來越準了，所以左手投籃，變成他的另外一種武器。因為環境的變化，環境的影響，每個人對自己所擁有才能的開發，也會有所不同。

由以上的說明，你可以了解，如果有些閘門看不懂，也沒關係，可能你跟別人聊聊後，或經過一段時間後，再回來看一次，有可能你就懂了。這些現在看不懂的部分，你可以把它當成待開發的寶藏。

重點3

看完你有的閘門之後，再看你沒有的閘門。這些你沒有的閘門，又可以分成兩種方式來看：

1. 在人類圖中，有一個很重要的觀念，就是人會被自己沒有的東西所吸引。

因此，如果在你的圖上，某一條通道，你只有一邊的閘門，另外一邊是空白的，你便會很想接通這條通道，你會被另外一邊的閘門所吸引，會想要展現另外一邊閘門的特性。因此，你可以去看看你在一條通道中只有一邊閘門、另外一邊空白的那個對應閘門。

2. 你一定有些通道是全白的，就是兩邊都沒有閘門，這些可以是你最後再看的閘門，因為這些閘門可能對你來說，是最不熟悉的。

重點4

你在看重點3你沒有的閘門的賺錢方式時，一定會有很多看不懂的地方，這是正常的，你可能也想試圖理解它，但還是不太明白，就像如果你不會游泳，也沒有下水過，別人跟你描述在水裡游泳的感覺，就算對方描述得再詳細，你可能還是聽不懂，因為你沒有這樣的經驗。

由於每個人的設計不一樣，遇到的人、事、物不同，反應的方式不同，看待事情的角度也可能不一樣，所以對於某些閘門的描述，如果你看不懂，那是正常的。

就像貓可能永遠也無法了解為什麼狗會喜歡咬骨頭？所以對於這些你沒有的閘門，你如果真的很好奇，可以去問周圍有這些閘門的朋友，請他們跟你說明，有可能你會比較明白一點，但還是有可能會聽不懂，這也是正常的。

重點5

你可能對某些閘門的內容很懂，完全了解它在寫什麼，這時，你可以回想過去的人生中，使用這個閘門的經驗。你是如何使用它的？當時為你帶來什麼結果與好處？

你可能在很多時候都有用到這個鬧門的賺錢天賦，在你過去很多的成功經驗，都是來自這個鬧門的賺錢方式，只是你當時不知道而已。透過了解這個鬧門的賺錢方式，與過去成功經驗的連結，你會知道以前那些成功的經驗都不是意外，你已經在無意中，使用了你的財賦密碼，自然就創造了成功的結果。

重點6

如果你過去用了某個鬧門的賺錢方式獲得成功，那麼，未來如果再使用一次，是否可以再次複製成功的經驗呢？這就是你可以再次嘗試的事情，因為過去行得通的方式，未來也可能會行得通。

雖然外在環境會改變，人也可能會改變，但是與生俱來的才能是不會變的，差別在於，我們對於之前的成功，可能並不知道是什麼原因成功的，覺得只是運氣好，下一次用了不同方法失敗後，也不知道為什麼失敗，只覺得是運氣不好而已。

如果你把過去的成功經驗做個整理，然後用你的財賦密碼去對照，可能會發現，有些賺錢的方式常常出現，或者是會有幾個賺錢方式組合起來，像成功方程式一樣，只要用到這個成功方程式裡的賺錢方式，你成功的機率就大大增加。如此一來，只要有意識的持續使用這些賺錢方式、這些成功方程式就好了，你再次獲得成功將指日可待。

重點7

對於本書，你可以用你喜歡的方式去讀。建議你也可以考慮用以下的方式來進行：在你看每一個閘門的時候，可以同時想一想，你可以把這個閘門的賺錢方式如何用上。如何用在現在的工作？如何用在你兼差的工作？如何用在你正在學習的事情上？如何用在你未來想要發展的事情上……等等？建議你在看本書時拿著一枝筆，有任何想法時隨時都可以寫下來，寫下你的心得，你的看法，或是你所產生的一些可能發展、規劃、進行的目標，或是你的行動計畫，都可以寫下來。

你在看本書之前，可能想要讓自己的工作做得更好，賺更多的錢，或想要嘗試新的工作，卻茫茫然不知如何開始。

但如果你寫下你的目標與行動計畫後，是不是就有了可以開始的第一步？你是否就有了可以努力的方向？你便可以把自己的力量，放在想追求的目標，開始一步一步向前走。

重點8

另外，建議你拿出一本空白筆記本，在看書時，如果有任何心得、想法、創意，馬上寫下來，因為很多想法只有在當下靈光一現，如果沒有馬上記錄下來的話，可能接下來又讀了幾個閘門，產生新的想法，原先那個想法就忘記了、消失了，這樣不是很可惜嗎？

看完六十四個閘門後，把你有感覺、有想法的閘門寫下一些行動計畫，當你把所有這些內容整理後，可能會發現，哇！我有好多事情可以做。甚至可能太多了，多到不知道要從哪裡開始。我們會建議，不用所有都要馬上去做，可以依照前面介紹的你做決定的方式，先選出幾個你想投入的內容，優先開始嘗試與練習，便可以利用你的財賦密碼，開始你的賺錢之路了。

如果你練習之後，覺得結果很好，行得通的事情就可以繼續做。如果行不通的話，可以總結經驗，看看從中學習到什麼？修正之後再試試看，基本上，如果以前行得通，應該未來也可以行得通。如果行不通的話，只是代表你要做些調整而已。

重點9

這裡有個心態的建議，一般而言，大多數人都很急，希望自己的計畫在半年或一年內就可以有成果，讓自己賺到錢，但常常事與願違，在半年內並沒有達到自己的目標，就覺得這計畫沒有用，因此就放棄了。

很多人都忽略了五年、十年可以達到的成就，所謂滴水穿石，只要一步一步，就算慢慢走，走了五年、十年，長時間下來，累積的距離也是很可觀的。只要開始走，一步一步向前走，好好發揮自己的賺錢才能，一段時間之後，一定會有好的結果。

重點10

看完這本書，一段時間後，當你有空時可以再拿出來看一次，因為經過一段時間，你經歷的事情，遇到的人、流日的影響，都可能會讓你產生不一樣的看法。當你再看一次本書，有可能看到、想到、思考的內容會不一樣，也可能會看到更多的可能性。

建議你看完整本書後，有空時可以把這一章翻出來再多看幾次，尤其是重點5到重點10，然後開始執行你的計畫，如此一來將可利用本書為你創造最大的價值。

注意事項

在看這六十四個財賦密碼時，尤其是在看你自己所擁有的閘門，有時你可能會感覺：「這不是每個人都會嗎？為什麼算是一種賺錢方式？」「這不是很簡單嗎？為什麼要特別拿出來說？」

針對這些疑問，因為我們只了解自己，只知道自己的想法，才會認為，如果我會這樣想，別人也應該會這樣想才對。我會做這件事情，別人也應該會做才對。

由於每個人的設計都跟別人不一樣，「你認為你會的事情，別人也應該會。」這件事情是不一定的，可能有些人跟你有類似的設計，也會有跟你相同的才能，但是，大多數人不見得會有跟你一樣的想法。

就像鳥會飛一樣，鳥覺得能在空中飛是很正常的事情，鳥也不覺得飛行這件事情有什麼價值；但如果要讓一隻狗學會飛行來執行一項工作，狗就會說為什麼不讓我去分辨氣味就好。

所以，首先不要覺得這些才能沒有什麼特別，沒有什麼價值，或許，對你來說很「輕而易舉」的事情，才是對你最有價值的事情。因為你很容易就做到了，其他人卻要費很大的功夫才做得到，那麼你很容易就比別人做得好，很容易就做得到好成績。

其次，在看這些財賦密碼時，最重要的是，請回顧你過去的人生中，有沒有運用到這些才能，以及有沒有創造出「好的結果」。

譬如你有「批評、找出錯誤」這個才能，首先，你要回想過去的人生，有沒有使用這個才能？假設「有」，那麼是用在什麼地方呢？可能你很會罵人，很會找出別人錯誤的地方，罵得別人都啞口無言。雖然你有用到這個才能，但是有創造「好的結果」嗎？可能機率就比較小，但如果你說你學生時代參加辯論社，不管是正方、反方，你都可以講得讓對方無法反駁，至少這還算是「好的結果」。如果你能成為律師，把這才能用在法庭上的攻防，是不是能創造出更多好的結果。

如果你過去能創造出「好的結果」，便可以考慮把它運用到未來，同樣再創造好的結果。

但如果以前曾經創造出好的結果，但現在已經沒有做同樣的事情，原因都是因為環境改變了，人、事、物也都不一樣了，所以，以前行得通的事情，現在無法再做了，那怎麼辦呢？

這時，我們可以思考的事情是：

一、真的無法再度創造「好的結果」了嗎？可否克服相關的困難，讓過去好的結果再次呈現。

譬如，你以前是辯論社的主將，但那是學生時代的事情，現在哪有辯論的工作？怎麼可能靠找出別人的錯誤來賺錢？其實是有類似的事情，就是你可以從政，找出政策上的錯誤，當你有機會跟別人進行政策上的辯論時，你一定可以勝出。

二、如果實在無法再度創造「好的結果」，那麼可否把這才能轉到不同的事情上發展？

雖然你有找出錯誤這個才能，但你不想從政，那麼，你可不可以去當品管人員呢？去找出瑕疵的產品，以前你都是在挑出「人」或「事」的錯誤，那現在你可不可以轉換成挑出「產品」的錯誤呢？

你可能很輕而易舉的挑出別人找不出的錯誤，因此在品管這個工作，你會很容易的表現比別人都好。

建議大家將這些才能能跟「好的結果」連結在一起，或者延伸這個才能到另一個層面，重點是要能創造出價值，這樣才真的是你的財賦密碼。

Part 2

64閘門財賦密碼

閘門

1

賺錢方式

獨特創意

閘門屬性	個體性
所屬通道	1-8
對應閘門	閘門8

擁有1號閘門的人，來這世界的目的就是要表達你的「獨特性」，你的內心充滿許多獨特的想法與創意，這些創意、創造力、想法都是與眾不同的，你並不是刻意要表現出與眾不同，而是你的存在就是與眾不同。這是**1號閘門的賺錢方式，就是透過活出自己的獨特性來賺錢**。

1號閘門的人，內心會有個驅動力，想要以獨特和有創意的方式來表達自己，當你開心的在「做你自己」或「做你自己的事情」時，這時你所展現的獨特性和創造力，將會吸引在你周圍、其他人的注意力，你也會激勵其他人來思考如何以新的角度或新的方式生活在這世界上。

對有1號閘門的人要注意的事情是，你並不需要成為「最好」的，因為好、壞是來自社會的價值觀，好與壞是存在於既有事物之間的比較，譬如你比他高，這顆蘋果比較甜，這棟房子比那棟房子豪華……等，透過相同事物的比較，我們因而給出了誰比誰好，誰又不如別人等等的評估。

1號閘門的人不是要成為「最好」的，是要成為「新的」，對於新的事物，並沒有所謂的「最好」的一說，因為它只是「新的」。例如這世界上的第一支手機，大約有兩個磚頭那麼大，售價是三九九五美金，以發展到現在的手機技術，智慧型手機已經可以做到輕薄短小，並附帶照相、上網……等一大堆功能。用今天的技術來對比以前的「黑金剛」手機，「黑金剛」手機並不是一個「好」的手機，可是當時它是一個全新的事物，充滿創造力的設計，這個「新」事物也造成了這世界的巨大改變。

所以，1號閘門的人並沒有要成為別人，你也不需要成為別人，你就是你，你不需要特別展現你的獨特，因為你的存在就是很獨特。

而1號閘門的人其困難就是：如何不被世俗同化？因為獨特也等同標新立異，標新立異就容易被排斥，「新」就代表你跟別人不一樣，就好像在一片長滿白花的大草原中，突然長出一朵紅花出來。這是一件很突兀的事情，這樣的事情會吸引到大家的注意力，大家都會注意到這朵紅花，對於衛道人士來說，這樣很不整齊、很不好看，因此有人就會想把這朵紅花剪掉，因為剪掉之後，這片長滿白花的草原，又可以恢復成整整齊齊了。如果你是這朵紅花，感受到來自周圍的壓力，你又無法耐得住孤獨與孤單，轉而想要尋求同伴的支持與陪伴，就會變得想跟別人一樣，你就會想用白漆，把自己這朵紅花塗成白花，來跟周圍的白花一樣，只要你跟周圍的白花都一樣，那你就安全了。但是，只要你想跟別人一樣，你就會喪失你的獨特性。

如果這朵紅花，堅持自己就是紅花。我天生就是紅花，我永遠都是紅花，我就是跟別人不一樣，我也不想跟別人一樣。當這紅朵堅持展現自己的獨特性時，有可能它會吸引周圍的人也跟著展現它們各自的獨特性，然後，咻！咻！咻！紅、橙、黃、綠、藍、靛、紫，各種顏色的花都長出來了，這片草原就變成充滿各色花朵，五顏六色、色彩繽紛。

就像繪圖晶片企業NVIDIA的共同創立人——黃仁勳就曾說過：「我只做最獨特的事。」他堅持做「只有你做得到，而別人做不到的事」。獨特性，就是NVIDIA這公司一直在追求的。黃仁勳始終強調：「獨特的人才，獨特的公司，就應該做獨特的事，如果別人也可以做到，那就不獨特了。」所以NVIDIA曾創下二〇一六年美國S&P 500指數股價漲幅第一名的紀錄。

閘門 2 賺錢方式

指引方向

閘門屬性	個體性
所屬通道	2-14
對應閘門	閘門14

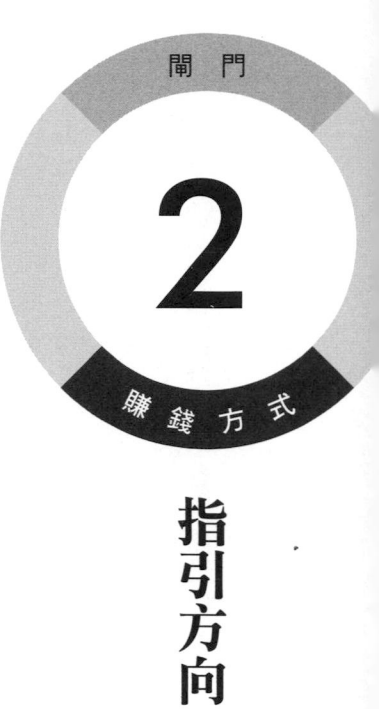

一般人對方向的了解，就像是東西南北各個不同的方向。但方向也有個抽象的含義，方向具有類似目標的概念，但又跟目標不一樣，目標像是終點一樣，而方向的作用便是指引大家到達那個終點。

2號閘門的人，能夠指引周圍的人到達某一個終點或目的地，這個目的地可能是個人的人生方向、公司目標、企業願景，或是短期的計畫、短期的小目標。

2號閘門的人會提供人們一個方向或目標，並告訴人們要如何朝那個方向前進，所以2號閘門所提供的方向，以及吸引人們朝向那方向前進的方式，將會給人們帶來方向上的安全感。

例如，人類圖的創始者Ra，運用他的2號閘門，為人們指出一個如何「活出自己」的方向，就是按照每個人自己的策略跟內在權威來做決定。當每個人都可以用正確的方式，來為自己做出正確的決定後，就可以一步一步的活出自己、做自己。

在過程中，Ra一直努力透過各種方式，把各種人類圖的知識帶到這世界來，透過一次又一次的課程，他吸引著許多想要了解自己、找到自己人生方向的人。他教導著許多學生，也在作為一個人類圖老師的過程，在一次一次的課程中教學相長，每一次教導新的課程，就會有一些新的想法、新的思維浮現出來，因而又強化了這個「活出自己」的方向，透過這樣的方向，作為一個老師，他同時也是個學生，不斷在學習、成長，不斷保持領先，帶領更多的人走上「了解自己、了解別人，創造彼此和諧的關係」這個方向。

「方向」就是擁有2號閘門的人可以銷售的東西，你可以指引別人的人生方向，你可以銷售給別人工作發展的方向，你可以銷售公司行業未來的方向，你可以告訴大家未來的趨勢……等。

你也可以把指引別人方向融入你的工作，譬如一位設計師，除了在設計方面提供客戶專業服務之外，還常常作為客戶的心靈導師，幫客戶開導情感問題、家庭問題，常常有客戶因為他能提供在「方向」上的解惑，因而找他來設計。

有2號閘門的主管，除了在工作業務上解決員工的問題之外，也會常常提供員工在「方向」上的協助，譬如提供員工生涯規劃的建議或是協助他轉換跑道，建議他增進英文能力，學習簡報技巧。

也有2號閘門的人透過各種方式，如當老師、教練、顧問……等，幫助人們追求自我，協助他人尋找人生方向。

擁有2號閘門的人，**可以實際銷售「方向」，或是把「方向」融入在你的工作、產品中，變成你的特色**、你所能提供的額外服務，對於想要這樣服務的人，自然就會向你尋求協助，**這就是2號閘門的賺錢方式**。

閘門 3 賺錢方式

開創求新

閘門屬性	個體性
所屬通道	3-60
對應閘門	閘門60

3號閘門的人喜歡「新」，任何的新衣服、新產品、新流行，新手機、新電腦……等，在3號閘門人的生命中如果沒有「新」東西，那會是多麼的無聊。

「新」就像是3號閘門人的基因一樣，有3號閘門的人總是在追求新的事物，因為以前都沒有人曾經見過這新事物，這一點對3號閘門的人有著非常強烈的吸引力。因為它是完全不同的東西，它是一個新東西，只要是最新的趨勢、最新的這個、最新的那個，總是讓3號閘門的人趨之若鶩。

好比人類圖也是一種新的了解自己的知識，一種新的可以活出自己的想法，一種新的協助你做出正確決定的工具；因此，它也很容易吸引到一些想要學習新的知識的人。

「新」總是非常有吸引力的，因為新的事物有機會可以改變這個世界。但要改變世界之前，這個新事物必須要有生存下來的能力，如果一個新事物，雖然是前所未有，但是無法存活下來，不能為大眾所接受，只是曇花一現，這個「新」也沒有價值。

譬如電腦的發明，這個新產品澈底的改變了人們的工作、生活方式，讓人們的工作與生活變得更有效率，所以這個「新」產品活了下來。然後再從電腦發展到筆記型電腦，筆記型電腦剛發明時也是一個新產品，這個筆記型電腦，讓人們從辦公桌的大塊頭電腦及螢幕解放出來，可以自由行動，從此以後，家裡、咖啡廳甚至郊外，都可以成為辦公的場所，因此筆記型電腦這個新產品也成功的活了下來。

在筆記型電腦之後，智慧型手機出現之前，有一個新產品，PDA——掌上型電腦，初期因為輕便、小巧又具備部分電腦的功能，曾短暫引起一陣風潮，但始終無法成為普及的產品，無法繼續存活下去，之後便為智慧型手機所取代。這就是一個無法存活下來的新產品。

3號鬧門的賺錢方式，雖然是**銷售新事物**，但是不能只是一味的為了新而新，重點**還要這個「新」必須能存活下去**。

「新」其實有很多的運用，你可以賣新的產品、新的知識，新的想法、新的服務、新的概念。只要是原本沒有的，都是「新」。

另外，你銷售的也可以不是絕對的新，而是相對的新。絕對的新，指的是這個東西以前從來沒有出現過，它是第一次出現在這世界上的，譬如電腦的發明就是絕對的新。

而相對的新，意思是這產品可能在別的地方已經有一段時間了，但是它是第一次進入原本沒有的地區，當它第一次進入時，就是一種相對的新。

譬如當一九八四年台灣第一家麥當勞開業，第一天營收就超過百萬元，第一週就創下麥當勞單週營業額的世界紀錄。麥當勞是一九四〇年在美國成立的，到一九八四年已經有四十四年歷史了，根本不是一家新餐廳，但是當時在台灣，它是完完全全的一家新餐廳，在當時也掀起一股新潮流，因而創造驚人的業績收入，這也是一個銷售「新」的成功模式。

閘門 4 賺錢方式

提供公式

閘門屬性	社會性
所屬通道	4-63
對應閘門	閘門63

4號閘門是「答案」的閘門，是「公式化」的閘門。有4號閘門的人，對任何問題都能給出答案，任何人問你任何問題，你都有答案。你好像什麼都知道一樣。但是，4號閘門的人所提供的答案，就是正確的答案嗎？

對於這個問題的正確答案是：「不一定。」因為4號閘門所提出的答案，可能正確，也可能錯誤。4號閘門所提出的答案，只是針對某一個問題，在通過4號閘門人的腦袋思考後所得到的答案而已。這答案是否正確，必須要通過驗證，如果驗證失敗，就代表它是一個錯誤的答案。

有人會認為，既然4號閘門提出的答案不一定正確，那還有什麼價值呢？但是，在科學上、數學上有許多的「假說」，假說的意思就是在科學研究中某些待證明的論題，尚未證明的稱為假說，一旦經過證明後，便成為理論，因此「假說」仍然有一定的價值。

4號閘門也是「公式化」的閘門，它會針對許多問題，透過頭腦思考後，從邏輯上得到一個答案或一個公式。當我們掌握這個公式後，就可以通往一個穩定、安全的未來。而這公式可能是對於各種事物的公式，譬如：關於健康的公式，你只要按照這個公式做，就會有健康的身體；可能是關於企業發展的公式，一家公司只要按照這個公式去推動，業績就會成長二〇%；也可以是關於炒菜的公式，只要按照這個食譜的指示做，你就可以做出色香味俱全的佳餚……等。

《交易冠軍》一書作者馬丁．舒華茲在美國投資業界是個傳奇人物，因參加過十次全美期貨、股票投資大賽，並獲得九次冠軍而出名，另一次也僅以微弱差距名列第二，在九次奪得冠軍的比賽中，平均投資回報率高達二一〇%，其中一次更是創下了回報率七八一%的佳績。舒華茲以做S&P 500指數期貨為主，大部分是短線交易，他從四萬美元起家，後來把資本變成了兩千萬美元。

他曾經發現，在美國國庫公債現貨與S&P 500指數之間存在一個公式，就是如果國庫公債價格在盤後交易中上漲，S&P 500指數也會跟著上漲，反之，公債價格下跌，S&P 500指數也會下跌。

而且，公債期貨是下午三點收盤，而S&P 500指數要到下午四點四十五分後才收盤，因此，他就觀察公債期貨在三點到四點四十五分的盤後交易價格，如果是上漲的話，就在S&P 500指數收盤前買進，如果公債期貨下跌的話，他就賣出。

在一個月當中，他就賺了一四〇萬美金，他在那個月中賺到的錢，比他前半生賺到的都還多。

所以，擁有4號閘門的人可以不斷的想出各種問題的答案，各式各樣的公式，各式各樣的理論，只要你能**讓你的答案、公式、理論，找到一個產品或是服務的形式，為你自己或其他人帶來價值，這就是4號閘門的賺錢方式。**

閘門

5

賺錢方式

規律模式

閘門屬性	社會性
所屬通道	5-15
對應閘門	閘門15

5號閘門的人，在生活中會自然的產生固定的模式、習慣，譬如每天幾點起床、幾點出門上班、什麼時間要吃飯、晚上幾點睡覺……等。

有些5號閘門的人，一天是從一杯香濃的咖啡開始，如果沒有喝到咖啡，就感覺那一天還沒有開機，而有的人是天天要運動，如果一天不運動，就感覺身體哪裡怪怪的。

「固定模式」也像是個儀式一樣，村上春樹曾說過：「儀式是一件很重要的事。它讓我們對在意的事情心懷敬畏，讓我們對生活更加銘記和珍惜。」所以5號閘門的人會讓自己的生活中充滿儀式感。不過每個人的儀式感都不一樣，有人是每天出門前要給愛人一個親吻，有人是要擁抱他的小孩，有人是一個月要去吃一頓豐盛的大餐，有人是每年都要跟家人一起旅行，當他們在做這些事情的時候，也表達了對自己、對周圍的人、對生活的熱愛。

5號閘門的「固定模式」就好像是個節拍器一樣，它有著固定的模式、節奏，持續的、不斷的運行著，如果你的生活能夠讓你持續的維持你自己的節奏、按照你既有的模式來工作、生活著，你的活力、身心狀態將是處在屬於你的健康狀態。

但如果你偏離你的自然節奏、你的節拍亂掉了，沒有按照你固定的模式來工作、生活，那你一定充滿著許多混亂，就像一個壞掉的節拍器，忽快忽慢，這將會讓你在身體上、精神上、情感上產生不穩定的狀態。

如果你是一個5號閘門的人，請注意關照你的生活，看看什麼是你自然的節奏，並且有意識的、持續的、固定的去做及維持它。如果你發現每天中午喜歡有半個小時的休息，當你知道它對你是一個重要的模式，請固定去做它，並讓它變成你的習慣、儀式，因為當你了解到這是你的儀式、自然的節奏時，你是在正確的使用你的能量。

「固定模式」也是一種節奏、韻律，**有5號閘門的人，可以運用你的韻律與節奏來賺錢**，譬如運動員，在練習時便要有固定的模式，養成習慣，並且在比賽時保持穩定的發揮，才能贏得勝利，維持自己的韻律，才能發揮出自己最佳的能力，很多運動員在比賽中失利的原因，就是因為自己的韻律亂掉了，或被別人干擾、打斷，因而無法發揮正常的水準。

另外跟韻律、節奏有關的生意就是音樂，你對韻律的了解、對節奏的詮釋方式，是你創造優美動聽音樂的能力，你擅長的韻律可以是古典樂、鄉村歌曲、流行音樂、搖滾音樂、節奏藍調、爵士樂、電子音樂……不管你是歌手、音樂家、音樂從業人員，你運用韻律、節奏的能力就是你的賺錢方式。

你也可以銷售「固定的模式」，讓別人固定做一些事來獲得好處，譬如週刊、月刊，看完牙醫後自動跟你預約半年後洗牙的時間，麵包店都會有固定出爐的時間，還有許多服務每個月會固定續約（除非你主動解除）……這都是銷售「固定的模式」。

台塑集團創辦人王永慶，十六歲時在嘉義開了一家米店，當時在嘉義已經有將近三十家的米店，競爭非常激烈，王永慶想出一些辦法來增加自己的競爭力，譬如主動送米到客戶家，並且不只是送到門口而已，還要將米倒進米缸裡，然後細心記下米缸的容量，再問清楚家裡有幾個人吃飯，幾個大人、幾個小孩，每人飯量如何，依此預估這戶人家下次買米的大概時間，把它記錄下來，等到接近的時間時，就主動把相對應數量的米送到這客戶家。他就是運用了每戶人家吃米數量的固定模式，打開他的知名度，讓賣米的生意越做越大，從小小的米店生意，最後做到了台灣首富的事業。

閘門

6

賺錢方式

結盟轉強

閘門屬性	家族性
所屬通道	6-59
對應閘門	閘門59

生命能夠一代一代的延續下去，來自於精子穿過卵子，與卵子結合形成受精卵，最後發育形成胚胎，再由胚胎繼續發育形成不同的個體，個體成熟後，會再由不同個體各自產生精子與卵子，再次結合，形成生命，透過不斷的循環，讓物種能夠不斷的存活在這世界上。

精子是微小的、脆弱的，並且存活的時間非常短暫，但是，如果精子能與卵子結合，形成受精卵，變成胚胎發育長大，就可以變得強壯而有生命力。

這就是6號閘門的賺錢方式，如果你現在是處於一個「弱」的位置，但透過結合（結盟）之後，你就可能由「弱」轉「強」。

常見的由弱轉強的例子，就是某某新創小公司受到國際大廠的青睞，譬如得到Google的投資，或是與微軟技術合作，原先規模、人氣都不大的小公司，一旦有了知名大公司的加持，這家小公司就會馬上迅速發展，達到數倍、數十倍……的成長。

「冠名權」、「冠名贊助」也是一種透過結盟、由弱轉強的展現，近年來許多的電視節目，都會有某某產品、某某公司冠名贊助的現象，隨著這檔電視節目的走紅，收視率節節上升，這家冠名的公司及產品也會順帶進入觀眾的視野中，他們的產品也漸漸為觀眾所熟知，連帶著業績也不斷成長，透過這種結盟的方式，達到由弱轉強的效果。

另外，如果你的公司生產的產品，能夠在知名便利商店如7-11、全家、萊爾富、OK……等上架，銷售量自然會大增；如果有名人來過你的店，透過名人加持，店的知名度就會提高；如果有電視、報紙或各種媒體來訪問你的店，通常報導之後一兩週內，你的店會大排長龍、業績暴漲，也會有更多的人認識你。

我們曾經要拜訪一個重要但當時還不認識的客戶A，我們約了他很多次，始終被婉拒，一直見不到這個客戶，後來我們問了業界的許多人，打聽到客戶A的相關訊息，經過好幾手的轉介，請到了B幫我們去約客戶A，等到我們見到客戶A的那一天，他坐下來的第一句話就是：「我知道你們約了我很多次，原本我是不想見你們的，但後來是B來跟我介紹你們，知道B跟我關係很好的人不多，你們能夠找到B，且他願意幫你們，代表你們真的下了一番苦功，因此我才決定見你們。」

有時透過結盟，由弱轉強，不一定是你直接跟強的一方直接接觸，也有可能是透過一個有力量的轉介，協助你與強結盟，讓你達到由弱轉強的改變。

所以，如果你有6號閘門，可以想想，**你有什麼技能、產品或服務，你可以跟什麼人、什麼公司、什麼團體、什麼產品、什麼服務、什麼知識結盟？讓你可以透過這個結盟，由弱轉強，可以賺到更多的錢，這就是6號閘門的賺錢方式。**

閘門 7 賺錢方式

改造更新

閘門屬性	社會性
所屬通道	7-31
對應閘門	閘門31

為了讓我們能夠安全的通往未來，我們會建立一個邏輯模式，讓它能穩定可靠的持續運作，確保我們在這固定的模式之下，可以享有它所帶來的好處。譬如火車什麼時間會開？公家機關什麼時候會關門？當我發出一封email，我知道我的朋友待會就會收到……等，生活中充滿了許許多多的模式，也讓我們有了穩定的生活。

但是，邏輯模式無法保證永遠都能完美的運行，它可能只會運行一段時間，到一個時間點後，原先行得通的模式已經無法運行了，這時就要將既有的模式破壞，再重新更新，這就是7號閘門的賺錢方式。

許多城市都有都市更新的計畫，這些地區、建築，在以前可能是好的、新的，但隨著時間過去，新的潮流、趨勢出現後，這些建築物可能已經老舊了，無法再繼續住下去了，因此，我們便要進行「都市更新」計畫，先把舊的建築物拆掉，把已經行不通的部分破壞，然後再重新更新，建造一棟更大、更好的新建築，讓原本住在舊建築的人可以有個更新、更美好、更安全的未來。

在企業中，我們則會用「組織再造」這個名詞來代替「更新、破壞」，因為舊的組織、舊的模式已經行不通了，譬如原先是金字塔式組織（直線型組織），由上到下一層一層的管理制度，這種組織的優點是權力集中、職權分明、便於統一指揮、集中管理，這常是企業一開始經營，人數不多，生產和管理工作都比較簡單的情況下適合的組織型態，一旦企業規模擴大，人數變多，管理工作複雜化，決策時間過長、反應速度緩慢，這時可能就要改成扁平化組織，減少管理層次，增加管理幅度，來提高反應速度，提升管理效率，進而增加經濟效益。

近年來由於石油資源的日益減少，以及環保議題的重視，電動車開始興起，許多國家更訂定了禁售燃油汽車的時間表，要民眾逐步淘汰燃油汽車，未來將全面使用電動汽車，這不是汽車這個交通工具運作的模式出問題，而是提供動力來源的模式出了問題，以及因為汽車造成的空氣污染出了問題，所以我們要更新動力來源的模式。

大家以為因為石油危機以及空氣污染的原因，才發明電動車解決空氣污染的問題嗎？其實不是，電動汽車的發明比燃油汽車更早，第一輛電動車的發明是在一八三四年，而第一輛燃油汽車是一八八六年上路的，後來因為汽油的大量開發以及引擎技術的提升，電動汽車在一九二〇年後逐步被燃油汽車所取代，這也是一種動力來源的更新。因此，現在可以運行的模式，不代表以後也可以一直運行，現在行不通的模式，未來因為科技的發展、環境的變遷，透過更新之後，可能又變成流行的模式，所以，如何找出現有模式行不通的地方，加以破壞、更新，讓它繼續運行，就是7號開門的賺錢方式。

另外，有一個很特別的例子：

日本的伊勢神宮被稱為「日本人的心靈故鄉」，是日本人一生一定要參拜一次的宮殿。伊勢神宮的內宮祭祀著「天照大御神」，祂是日本天皇的先祖，在日本地位十分崇高，也是日本皇室每年都一定要來參拜的地方。

伊勢神宮的主體建築是純木結構、加上殿頂的萱草，在經歷大約二十年的風雨之後便會腐朽和破敗。但他們崇尚的就是潔淨，為了保證神居殿堂的乾淨整潔，伊勢神宮每隔二十年就會重建一次。

每二十年，人們會在伊勢神宮旁的空地上，建一座和現在神殿完全相同的新殿，並且殿內所有的神明用品、飾品及寶物都要按照原樣重新製作，然後把神明請到新殿內供奉，二十年後再用同一種方式遷回原處，被稱為「式年遷宮」。到目前為止，已經延續了一千三百年，也就是已經經歷六十幾次遷宮了。

每二十年的將神宮打掉重練，並不意謂著天然資源的浪費，因為汰舊換新的過程中，舊木材會運往全國各地，給需要的神社再利用，或做成木頭御守，讓民眾獲得神靈庇佑，另外，伊勢神宮都是運用木榫結構，沒有用一根釘子的工法建造神宮，所以六十多次的遷宮，讓打造神宮的木匠及日本傳統藝術的工匠，技藝可以綿延千年。

因此「更新、破壞」、「組織再造」、「打掉重練」，並不是說原先的模式就一定是錯誤的、不好的，其實是**透過「破壞、更新」賦予它新的生命，讓它可以更長久的持續下去，這就是7號閘門的賺錢方式**。

閘門

8

賺錢方式

風格品味

閘門屬性	個體性
所屬通道	1-8
對應閘門	閘門1

什麼是「風格」呢？

二〇一八年《Elle》雜誌的風格人物大賞中，獲得「最具風格國際名人獎」的人為日本的小松菜奈（日本女演員、模特兒）。

《Elle》雜誌訪問她：你覺得「風格」是什麼？

小松菜奈回答：風格對我來說就是做我自己。

「風格」是一個人的做事方式、作風，大家比較熟悉的是一個人穿衣服的風格、造型、設計的風格，或是這個人化妝打扮的風格，室內裝潢的風格。

「風格」也可以透過食、衣、住、行、育、樂，或是說話、表達、溝通，來展現風格，或是一群人的生活形態、生活地區、環境，各種不同展現自己的方式，就是各種不同的風格。

如果你有8號閘門，可以思考你的風格是什麼？你喜歡什麼樣的風格？你要在哪一方面展現你的風格？要結合在什麼商品上？結合在什麼服務上？然後透過你的風格的展現，讓你能夠賺到錢？

你的穿衣打扮、行事風格，都可以表現出你是一個多麼與眾不同的人。其他人可以透過你所展現的風格來了解你，透過你的商品包裝、店面裝飾、員工特質，也可以展現出你想表達出來的風格，然後，讓欣賞你的風格的人願意靠近你、買你所提供的商品及服務，這就是你賺錢的方式。

顏色、形狀、標誌，也是容易展現你所擁有風格的方式，風格會讓別人容易記得你，讓別人想要親近你，因為他們喜歡你的風格。

草間彌生——曾被美國藝術網站選為「二十一世紀十大前衛藝術家」，她也被稱為「圓點女王」，因為她擅長用許許多多、大大小小，視覺強烈、鮮豔色彩的圓點，形成她的獨特的藝術作品，其中讓人印象最深刻的是紅色小圓點，只要看到許許多多的白底紅色小圓點，大家就會想到草間彌生。

為什麼她會使用這些小圓點？因為草間彌生從小就有嚴重的精神官能症，是一種神經性視聽障礙併發幻覺，在她眼中看到的世界好像隔著一層斑點狀的網，於是她開始畫下這些斑點，在她小學五年級時的母親肖像畫中，就可以看到小圓點出現在其中，像是許多泡泡一樣充滿在肖像畫中，之後她更是將各式各樣的圓點運用在她的藝術創作中。

透過與Louis Vuitton的合作，包含上衣、裙子、洋裝、袖扣、領飾、鞋子、包包、手錶與筆記本等等，全變成了草間彌生的圓點所衍生而出的世界，也讓世界上更多的人，看到她的「圓點」風格。

這世界有許許多多、各式各樣的風格，如田園風格、嬉皮風格、極簡風格、低調奢華風格、北歐風格……等，沒有哪一種風格比較好、也沒有哪一種風格不好，擁有8號闢門的人，重點是**找出你獨特的風格，把你的風格套用在你的產品、服務中，銷售你的風格，這就是你的賺錢方式。**

閘門

9

賺錢方式

區分細節

閘門屬性	社會性
所屬通道	9-52
對應閘門	閘門52

我們常聽到：「魔鬼藏在細節裡」，意思是一件事情會成功還是失敗的關鍵，有時在於當事人有沒有注意到其中的細節，往往是一些你沒注意到、認為微不足道的小細節，最後產生了巨大的影響。

擁有9號閘門的人，會對許多事物的細節非常敏感，譬如，有人能分辨「味覺」的細節，他們可以分辨出不同廠牌的礦泉水之間不同的味道，而且可以清楚的區分出來，對喝茶講究的人，更是會用不同的水來泡不同的茶葉，因為不同的水泡出的味道都不一樣。

品嚐紅酒更是一門大學問，你要能喝出甜度、酸度、果味……各種的差異，有的人甚至喝一口紅酒，就能講出產地大約在哪裡，他們就是特別能區分出味覺細節的差異。

有人能分辨「聽覺」的細節，對聲音的細節非常敏感，他們可以分辨出，這部電視劇或電影中某位演員的配音是另外某一部戲中某位演員的配音，聽出一首歌裡每個細節的表達，聽得出頂級音響所產生的聲音差異。

有人擅長分辨「視覺」的細節，他們超喜歡找出兩張圖片中哪些地方不一樣，且通常都可以完全答對，對於顏色的差異非常敏感，可以清楚分辨出各種顏色的差異，光是藍色就可以分成幾十種不同的藍色。

如果你有9號閘門，可能對「味覺」、「聽覺」、「視覺」不太敏感，但你一定有對生活中某些事物中的細節很敏感，能夠自然的挑出其中的不同，如果你能夠針對你擅長找出「細節」的地方，並找到相對應的產品、服務或獲利的方式，這就是你的強項。

別人看不到的細節，你看到了，別人產品沒做到的細節，你的產品卻把這細節處理得很完美，**透過你在「細節」造成跟其他人的區隔，就是9號閘門的賺錢方式**。

鼎泰豐是國內外知名的餐廳，開業至今超過四十年，所以有很多老顧客是鼎泰豐的忠實客戶，甚至有些人一個星期會去吃個三至四次。

早期的時候，有一天，一個長期的老客戶向店員反應，為什麼今天的小籠包味道不一樣？店方的反應是「怎麼可能？」他們都是用相同的食材，師傅也都一樣，最近沒有任何的調整跟改變，怎麼味道會不一樣？會不會是顧客今天發生了什麼事？所以覺得味道變了？可是老顧客堅持味道就是不一樣。

鼎泰豐就開始研究，那究竟是什麼地方、哪個環節出了問題，因此開始一一檢查與印證。

後來真的發現不一樣的小細節了，因為那時候是冬天，而且那個星期剛好有寒流來，有幾天氣溫驟降，一個星期中溫度差了十幾度，由於水溫及氣溫不同，造成麵團發酵的環境也有所不同，導致小籠包的皮也有所小小的不同。

這個小小的不同，可能大多數人是吃不出來的，而且這種氣溫突然上下變化這麼劇烈的日子，一年可能也沒有幾天，這種小細節的差異，就算忽略了也影響不大。

可是，忠實的老客人吃出不同了，鼎泰豐也認真的去研究，找出會造成不同口味的細節，且因為這個細節，導致鼎泰豐研發出自己的中央廚房，其中嚴格控制溫度、濕度，讓所有會影響食物口味的細節都能維持一致，也因此才能讓鼎泰豐所提供的食物都能維持一定的品質。

閘門

10

賺錢方式

正確行為

閘門屬性	個體性
所屬通道	10-34
對應閘門	閘門34

一個人要在這世界上生存，便要能夠知道不管在什麼樣的環境之下，我們都能有適當、正確的行為，來與周圍的人事物互動，確保我們能成功的交流與溝通。

為什麼行為這麼重要呢？因為行為是相互影響的，你的行為會影響到周圍的人，周圍人的行為也會影響到你，所以如果你展現正確的行為，會影響周圍的人也產生正確的結果。

行為還有一個特點，就是行為是可以改變的，不像聰明才智，一般人的聰明才智是與生俱來的，無法改變的。聰明的人天生就聰明，不聰明的人可能後天再怎麼努力，也很難讓自己變聰明。但是行為不一樣，行為是可以改變的，我們可以透過學習，讓不同聰明才智的人都做出相同的行為。因此，教導別人正確的行為就是10號閘門的賺錢方式。

譬如，你是個幼兒園老師，你的工作就是教導小孩子正確的行為，包含學習、吃飯、與其他同學互動的行為。10號鬧門可以作為一個老師，從旁輔導這些小孩子，當他出現正確的行為給予獎勵，出現錯誤的行為時予以教導讓他改正。

教導自己小孩正確的行為，也是身為父母親的責任之一，但是，很多父母並不一定知道如何教導自己小孩正確的行為，因為在他自己小時候，他的父母也不見得知道如何教導他正確的行為，所以每一位父母也要學習如何教導小孩正確的行為，譬如《富比世》雜誌網站專欄作家凱西・卡普里諾（Kathy Caprino），就點出了一般父母在教養上的七大錯誤行為：

一、不願讓小孩冒險。

二、太早就伸出援手。

三、太容易就給予讚賞。

四、因罪惡感而過度寵溺。

五、不願分享過去的錯誤。

六、誤以為智商、天賦和影響力就代表成熟。

七、只有言教、沒有身教。

如果我們已經是為人父母者，可以檢驗一下我們是否避開了這些錯誤的行為？

如果你是一位銷售員，必須懂得銷售員正確的行為，譬如如何打電話、拜訪客戶、記錄拜訪結果、處理客戶的抱怨……如果你還不會這些正確的行為，那你必須去學習，才能使你成為一個成功的業務員，如果你已經能完美執行這些業務員應有的行為，你可以更進一步，成為一位訓練業務員的經理或講師。

如果你是一位主管或管理者，也要學習正確的行為來做好你的工作，譬如設定目標、員工管理與激勵、財務管理、向下管理及向上管理……等，學會這些正確的行為，你才能當一個好主管。

國際禮儀中，對食衣住行育樂通通都有規定的行為，譬如「食」的部分有宴客席次的安排，進餐原則、刀叉使用方法、餐巾使用方法……等。

行走時「前尊、後卑、右大、左小」，與長輩或女性同行時，要在其後方或左方。三人並行時，中間最大，右次之，左最小。

還有其他各式各樣的行為規範，都是教導別人學習正確的行為。

因此，**如何把你已經學會、懂得的行為，放在工作及生活中，變成一種產品或服務**，譬如課程、講座或是訓練，**便是擁有10號鬧門的人的賺錢方式**。

閘門
11
賺錢方式

新的點子

閘門屬性	社會性
所屬通道	11-56
對應閘門	閘門56

擁有11號閘門的人，會有很多各式各樣的想法，這些想法天馬行空，有的好笑、有的荒謬、有的可行、有的很困難……能夠自然而然湧出各種想法，就是11號閘門的天賦才能。

在企業管理中，有時會用到的腦力激盪或頭腦風暴（Brain-Storming）會議，就是想法（點子）的極致運用，腦力激盪會議就是將一群人聚在一起，針對一個問題進行自由的思考及聯想，所有參與者不能對其他人的想法進行評斷，藉此激發團隊的想法，凝聚大家的智慧，對組織的決策及發展有重要的意義。

腦力激盪有幾個重點：

一、想法越多越好。

二、不能批評其他人的想法。

三、鼓勵與眾不同的想法。

四、鼓勵改善別人的想法或延伸別人的想法。

對11號鬧門的建議是，只要儘量想點子就好了，先不用考慮可不可行、是否太誇張、太離譜，因為在這些不斷湧出的點子中，可能會有像金子般價值的點子蘊藏其中，重要的是去想，盡可能的去想，純粹的展現這個想法的美。

有一家牙膏廠，一開始業績逐年成長，後來進入了兩三年的停滯期，老闆召開會議，看誰能想出解決問題的方法，讓公司的業績成長，獎金十萬元，一般人想到要讓業績成長的方式，大多是增加廣告、增加通路、開發新產品……等，但這些作法的效果如何，都有待驗證。

有一個人提出了一個點子，馬上獲得十萬元。他的點子就是「將現有牙膏開口擴大一毫米」，因為消費者每次刷牙擠出同樣長度的牙膏，但開口擴大了一毫米，每個消費者就多用了一毫米寬的牙膏，也就增加使用量，自然就增加業績了，改用開口擴大一毫米的包裝後，公司下一年的業績增加了三二%。

有句話說得好：「沒有做不到，只有想不到。」當你想到了，相關的作法就會接踵而來，常常一個創新的想法，只是捅破那一層自我設限的紙而已。

一九六〇年代，許多美國人認為，美國正在輸掉與蘇聯的太空競賽，因為蘇聯在一九五七年成功發射了第一顆進入行星軌道的人造衛星，一九六一年蘇聯太空人尤里．亞歷克賽耶維奇．加加林（Yuriy Gagarin）成為進入太空的第一人。

為了扭轉局面，甘迺迪認為，一項能夠展現美國在太空優勢的特殊成就計畫，是非常有必要的，因此提出了「十年登陸月球」的計畫，當時人們對月球表面的狀況並不了解，當年的科技也無法確定是否可以完成這項計畫。

一九六二年九月十二日，甘迺迪在萊斯大學演講：「我們選擇在十年內登陸月球並完成其他的事，不是因為它們很簡單，正是因為它們困難重重，這目標將促進我們建立最好的組織，測試我們的頂尖技術與力量，我們樂於接受這個挑戰，不願延遲，我們志在必得。」

不到十年，一九六九年七月二十日，阿波羅十一號成功登陸月球，太空人尼爾．阿姆斯壯成為第一個踏上月球的太空人。所以，沒有做不到，只有想不到，當你想到了，你就可能做得到。

所以，如果你有11號閘門，你可以**把腦袋中不時冒出來的、天馬行空的想法記錄下來，因為這些想法，隨時都有可能成為一個新的商機**。

閘門

12

賺錢方式

製造浪漫

閘門屬性	個體性
所屬通道	12-22
對應閘門	閘門22

「浪漫」在我們的生活中占有重要的地位，因為人們總是對浪漫抱持著美麗的想像，所以羅曼史小說、浪漫小說、愛情小說，一直都在書籍的銷售中占有很大的部分。二〇〇六年美國出版六千四百部羅曼史小說，銷售金額十三・七億美元，占全美所有書籍銷量的二六・四%。

一九九七年的美國史詩浪漫電影《鐵達尼號》，全球總收入為二一・八七億美元，成為全球史上票房收入最高的電影，這個紀錄一直到十二年後才被電影《阿凡達》所超越，到目前還是史上票房收入第三高的電影。

《BJ單身日記》，這是發行於二〇〇一年的英國浪漫喜劇電影，續集《BJ單身日記：男人禍水》於二〇〇四年上映，第三集《BJ有喜》則於二〇一六年上映，這是一個「浪漫」的系列電影。

BJ單身日記的有些情節，是與《傲慢與偏見》這個經典小說相近，《傲慢與偏見》本身可以被當成羅曼史來閱讀，更被改寫成各種都會少女小說、羅曼史、愛情小說。所以浪漫小說、愛情小說，是從古至今每個時代都不可或缺的重要產品。

情歌，更是在所有歌曲中占了極大的比例，全世界都一樣，每個人都會有首自己初戀時的歌曲，也會有在失戀時喜歡聽的歌曲，情歌是永遠不會過時的歌曲。

所以，在小說、電影、音樂這些方面的「銷售浪漫」，已經占據了非常大的市場。

雖然12號閘門的人可以銷售「浪漫」，但是許多擁有12號閘門的人，卻不覺得自己是一個浪漫的人。為什麼呢？

因為12號閘門是一個個體人的閘門，個體人的關鍵字是「特立獨行、與眾不同」。就是做一些沒人做過的事，因為沒人做過、自己也沒看過，所以12號閘門的人，並不一定會對自己所做的事情覺得浪漫。

全世界第一個送女孩子一百朵紅玫瑰花的人，可能不覺得做這件事是浪漫的事，但旁邊的人卻覺得很浪漫，而當送過一次以後，再送第二次的話，就是相同的事情了，就沒有「特立獨行、與眾不同」了，因此他可能改成帶對方去看流星雨，他或許只是在表達對於喜歡對象的愛意，但周圍的人可能覺得他很浪漫。

所以，我們對個體人有一種描述，個體人並不是特意展現出「特立獨行、與眾不同」，而是他的存在就是「特立獨行、與眾不同」。對於12號閘門的人來說，就是12號閘門的人並不是特意展現出浪漫，而是他的存在就是浪漫。

因此，擁有12號閘門的人，只要你覺得可以用什麼產品、方法、服務，來表達出你對一個人的喜歡與愛慕，將這些產品、方法、服務轉變成可以銷售的物品，就是12號閘門的賺錢方式。

閘門

13

賺錢方式

獨家祕密

閘門屬性	社會性
所屬通道	13-33
對應閘門	閘門33

祕密指的是只有一些人知道但其他人不知道的事情，這就是祕密。

這裡說的「祕密」，並不是那種一個人知道後到死都不能透露的那種祕密，比較像是一種有價值的資訊，透過這項祕密的傳遞、揭露、報導，便可以創造價值。

譬如，報紙、雜誌或電視台的獨家新聞，如果是一條只有你的雜誌才有登出的獨家新聞，別的雜誌都沒有，但是民眾非常想要知道這條新聞的內容，這條新聞就可以創造價值，這條新聞也可以說是祕密的一種，因為只有這家雜誌社知道，其他的人都不知道。

為什麼13號閘門的人可以銷售祕密呢？因為他們常常會聽到一些別人聽不到的事情，看到一些別人沒看到的事情，所以他們會接收到一些其他人不知道的訊息。周圍的人也很容易信賴13號閘門，會自動跟13號閘門的人分享他們的經歷跟祕密，因為13號閘門聽了很多人的故事，有成功的經驗、失敗的經驗、冒險的事、挑戰的事，因為聽了太多的事情，但不是所有人都知道這些事，因此這些事都可能變成你所擁有的「祕密」。

一個人的工作如果做得比別人好，那麼他很有可能擁有一些別人不知道的祕密與訣竅。不然的話，同樣的工作、時間，為什麼他就會做得比別人好？但是，如果他只是知道他可以做得比別人好，卻不知道是什麼樣的祕密讓他做得比別人好，那麼這祕密的價值只有幫到他自己而已。

如果這個人知道，他是因為握有什麼「祕密」，所以可以把事情做好的話，這個祕密可能可以創造更大的價值。譬如，他可以成為經理，訓練一些人按照他的祕密來做事，幫公司創造更大的利潤。或者他也可以自己開公司、創業，讓這個祕密創造更大的價值。

就像許多人的老母親做得一手好菜，但只是做給家裡人吃而已，只要他學會了母親料理的祕密，做出相同的口味，甚至發揚光大，就可以開出一家有名的餐館，這樣的例子出現在各地料理、各國料理甚至小吃、滷味、饅頭……等各式各樣的食物中，只要你掌握了獨特口味的祕密，你就掌握了一種「商機」。

最明顯用祕密來賺錢的，就是《祕密》這本書，《祕密》一書主要在介紹「吸引力法則——我們生命中所有發生的一切，都是被我們心中的『思想』吸引而來的。」《祕密》一書，目前已在全球售出三千萬冊，翻譯成五十種語言，作者光靠《祕密》這本書，就賺到很多錢。

擁有13號閘門的人，你可以想想，**你有哪些別人不知道的「祕密」，你要如何讓別人知道這些祕密的價值，並依照這祕密想出對應的商品、服務，或是一個獲利的方式，就是你賺錢的方法。**

閘門

14

賺錢方式

利他服務

閘門屬性	個體性
所屬通道	2-14
對應閘門	閘門2

14號閘門是透過「服務」來賺錢，但這個「服務」是什麼意思呢？

在個體人中，我們常常會提到突破、創新、與眾不同。因為個體人存在的目的，就是要為這世界帶來新事物。

但是，並不是說你帶來一個新事物，你帶來一個突破，你就成功了。如果個體人帶來的新事物並沒有為社會帶來價值，它就不是一個成功的突破，而這裡所謂的價值，就是真正為社會帶來利益，因為14號閘門的賺錢方式：「服務」——就是利用你的才能和財富來創造社會大眾的好處（利益）。

14號閘門的人會奉獻出你的才能、熱情，服務這個社會，為這個社會創造價值，讓大眾得到好處。

擁有14號閘門的人，很容易對「公益」活動很有興趣，喜歡幫助別人，讓這個世界變得更好，因此有許多14號閘門的人，會在公益團體工作，或者去當義工，幫助別人、服務別人。

潛藏在14號閘門底層的驅動力，是想讓世界變得更好，為這世界盡一份心力，但想讓世界變得更好，並沒有什麼目的性，單純是內心希望這世界更好。在這過程中，你可能不是只是為了錢而做這些事，而是因為你想要讓這世界更好，你展現了「服務」這個才能，為其他人帶來了好處與利益，連帶的也為你帶來了金錢。但是你的出發點，並不是為了錢而做這些事情。

下面這個例子，就能表達出14號閘門透過服務的賺錢方式。

荷蘭少年柏楊．史萊特（Boyan Slat）在二〇一一年（他當時十六歲）時，因為一次潛水，看到海裡的垃圾比魚還多，原本漂亮的海洋卻充滿著各式各樣的塑膠垃圾，他為了解決海洋垃圾污染的問題，想出一個「海洋吸塵器」的計畫，因為垃圾散布在海洋中，而且海浪每天持續的推動，會讓這些垃圾四處漂流，不會固定在一個地方，如果主動開船去撈這些垃圾，要耗費許多人員、時間及資源，而且效果不好，於是他設計一套定點不動的被動系統，利用海洋本身會流動的原理，透過洋流把垃圾帶到「海洋吸塵器」附近，然後被攔截器所攔住，再被吸引進入系統收集起來，由於被動系統放置後就不需人員操作，且利用太陽能可以長時間持續運作，洋流會緩慢的、持續不斷的將塑料垃圾推到海洋吸塵器附近收集起來，只要定時透過船隻將收集到的垃圾運回即可，柏楊．史萊特想藉此相對有效率的方式，解決海洋塑料污染的問題。

他在二〇一二年荷蘭的 Ted talk 上提出這個想法，並在二〇一三年成立了非營利性組織「海洋清理行動」（The Ocean Cleanup），擔任首席執行官，該組織的使命是開發先進技術，以消除世界上的海洋塑料垃圾，當年在一六〇個國家的許多熱心贊助者捐款下，募集了二二〇萬美金，到目前已經募集了三一五〇萬美金的捐款。

這整件事情的發起，來自柏楊．史萊特看到原本應該是美麗的沙灘跟海洋，卻受到塑膠垃圾的污染變得髒亂不堪，他為了大眾的好處，為了讓海洋重新恢復應有的生態及美麗，為了讓世界變得更好，因此展現他「服務」的才能，也吸引了許多人共同投入這個計畫。

柏楊．史萊特做這件事情，並不是為了賺錢，而是**為了讓這世界變得更好，因此貢獻他的才能來做這件事**，但在做這件事情的本身，卻讓他獲得許多國家及單位授予的年輕企業家獎，這就是14號閘門的賺錢方式。

閘門

15

賺錢方式

在地情感

閘門屬性	社會性
所屬通道	5-15
對應閘門	閘門5

15號閘門是「人類之愛」的閘門，也是「極端」的閘門，由於人類是複雜的、多樣性的、多變化的，就像光譜儀一樣，在光譜儀上有各種不同的顏色，如紅、橙、黃、綠、藍、靛、紫等，每種顏色也會從最淺到最深，充滿了各式各樣的變化。

人類也如同光譜儀一樣，膚色有黃有黑有白，身高有高有矮、體重有胖有瘦、有開朗樂觀的人、有內向悲觀的人……等，這世界擁有各式各樣的人、各種不同的、極端的人，存在人類這個光譜中。

15號閘門，知道人類所擁有的多樣性，一如光譜的多樣性一樣，有15號閘門的人，可以接受各種極端的人的極端觀點，然後，透過15號閘門的人，可以把各種不同的人拉入你的節奏中，把人們凝聚在一起，你可以平衡這些節奏，把所有這些極端變成適度，來與群體融合，讓這些極端能夠融入變成一個有凝聚力的群體。

人們通常是在愛中凝聚、團結在一起，譬如教會、同鄉會、獅子會、扶輪社……等，或是客家菜、潮州菜……等餐廳，還有山友社、攝影社、文學同好會……等，有許許多多的團體，都是透過「愛」連結在一起。

另外，可以把更多人連結在一起的愛，是對所在這塊土地的愛，對土地上的人的愛，銷售「本土化之愛」、「在地化之愛」等。

許多人為了讓商品有更大的市場，除了開發國內市場外，還想讓自己的產品也能夠國際化，認為只要讓產品走上國際化之後，就可以到不同的國家、市場，賺到更多的錢，這種國際化，是把自己的產品、服務，融入世界各地不同的區域、語言、文化中來拓展市場。

另外一種國際化，就是做出極致的「本土化」，當你能做到獨一無二、極有特色的本土化之後，反而可以變成世界聞名的國際化。

舉例來說，出國旅遊時，你想去看跟你家鄉一樣的建築物嗎？吃跟你平常吃的一樣的食物嗎？我想大多數的人都不會，大部分的人出國，都是想去看些從來沒看過的景色，想去看當地獨特的文化、景色、建築，吃當地獨特的美食，而且越是原汁原味，越是具有當地特色，越能吸引世界各地的人來參觀，因此，當一個「本土化」走到極致之後，便成為「國際化」。

台灣獨特的「田中馬拉松」，是一個非常獨特、有人情味的馬拉松，它的獨特之處是它的啦啦隊，它會公開招募啦啦隊，最後評比表現突出的啦啦隊，予以頒獎，譬如「最佳創意獎」、「最佳造型獎」、「最佳勇氣獎」……等，因此，在馬拉松的沿途充滿了各式各樣的加油聲，讓每個跑者不會只是一個人孤獨的跑著。

另外，一般的馬拉松，由於長時間的跑步，身體會消耗許多熱量與水分，因此適當的補充水、運動飲料、能量棒，便是跑馬拉松時要注意的重點，傳統馬拉松的補給品，多是正常的水、運動飲料、能量包……等，但是「田中馬拉松」所提供的補充品，是當地的傳統美食，譬如烤乳豬、茶葉蛋、大腸麵線、豆花、八寶粥……等當地美食。

雖然這些美食不是標準的補給品，不過有標準補給品的馬拉松世界到處都有，要品嚐特殊的當地美食來當作補給品的馬拉松，只有「田中馬拉松」才有（不過類似型態的馬拉松，在台灣及世界各地也越來越多了），因此擁有濃厚台灣特色的田中馬拉松，不僅吸引台灣的跑者，有數萬人來爭取一萬兩千人的名額，也在二〇一九年吸引了三十五個國家地區、超過一千名的外國選手登記報名，為田中地區創造了不少商機。

所以，做到極致的「本土化」，反而可以**成為非常吸引人、創造財富的「國際化」，這就是15號閘門的賺錢方式。**

閘門

16

賺錢方式

辨識才能

閘門屬性	社會性
所屬通道	16-48
對應閘門	閘門48

16號閘門是一個「辨認」的閘門，為了發揮你所擁有的才能，你必須先辨認出這項才能才可以。因為如果你沒有「辨認」出它，你永遠也無法精通它。

譬如，你要先辨認出你有音樂的才能，才會去練習音樂的相關技巧，再經過反覆不斷的練習，你才能夠成為一個音樂家。

你要先辨認出你有繪畫的才能，才會持續的練習繪畫，最後你才會成為一個畫家。

16號閘門也是一個「技巧、技能」的閘門，16號閘門的人在學技巧上很有方法，但把這技巧轉變成才能的前提是，需要先辨認或認同你正在做的事情，因為這樣你才會持續的練習，也才有機會變成才能。如果沒有辨認出自己的才能，就不會去練習它，也不會想要去實現它，就算有再好的天賦，最終也會歸於平淡。

例如，某人唱歌唱得很好，周圍的朋友也稱讚他唱得很好，可是他自己不這麼認為，不認同別人對他唱歌唱得好的讚美，自己也沒有辨認出自己的唱歌能力，自然就不會投入時間在練習唱歌上，也就永遠不會成為一個歌手。

如果他能辨認出自己有唱歌的能力，反覆練習增加深度，他就可能成為一個歌手，甚至是一個有名的歌手，前提是：他要能「辨認」出自己有唱歌的能力。

因此，16號閘門的重點就是，「辨認」出自己有什麼才能，當你辨認出自己的才能，之後遇到有人辨認出你的才能、邀請你展現這個才能時，你就有機會、有信心、有熱情發揮這個才能，反覆練習，到最後發光發熱。

有16號閘門的人，也有能力「辨認」出別人的才能，因為你辨認出了別人的才能，並給予鼓勵，讓他們有機會釋放他們的能量、展現他們的才能，你就**像是個伯樂一樣**，可以**挑出人群中的千里馬**，因為你知道他們能夠綻放出他們特別的才能。

舉例來說，蘋果電腦的創辦人賈伯斯跟沃茲尼克是年輕時的好朋友，沃茲尼克是電腦工程師，曾經設計過「奶油蘇打電腦」、「藍盒子」、「打磚塊電子遊戲」。賈伯斯辨認出了沃茲尼克在設計電腦的才能，邀請他一起開設公司，一開始沃茲尼克不確定是否要加入，後來賈伯斯用「就算賠錢，至少我們這輩子擁有過一家公司」說服了他，於是成立了蘋果電腦。

負責蘋果電腦的行銷與公關大師雷吉斯．麥肯納曾經說過：「沃茲尼克設計了一部很棒的機器，但若不是賈伯斯，直到今天，這機器說不定還在玩具店或模型店裡。」所以，再好的才能，也需要別人的「辨認」才能夠發揚光大。

因為賈伯斯辨認出沃茲尼克的才能，所以沃茲尼克設計出蘋果電腦，也因為賈伯斯辨認出沃茲尼克的才能，開發、利用了這才能，所以賈伯斯成了蘋果電腦的CEO。

閘門

17

賺錢方式

確定性

閘門屬性	社會性
所屬通道	17-62
對應閘門	閘門62

銷售確定性是什麼意思呢？就是我會賣你一個商品、一種服務、一種技術，你買了之後，就會得到某種「確定」的結果。

為什麼你買了我的商品、服務、技術，就可以得到某種「確定」的結果呢？因為我已經做過這件事了、我已經去過那個地方、我體驗過那種感覺了。既然我已經做過、成功過、體驗過，所以只要照我告訴你的方法去做，使用我賣給你的產品，用我提供給你的服務去做這些相同的事情，只要用跟我相同的方式，就會擁有跟我相同的體驗、相同的感覺跟相同的結果，這就是17號閘門銷售的「確定性」。

最常見的就是減肥方法、減肥書籍，如果你曾經是體重一百公斤以上的人，然後你用了某種方法（基本上當然是要正常、健康的方法），可能是某種運動方式、某種健身方式、某種飲食方式，或是透過營養師的協助……等各種方法，讓你的體重由一百公斤減到五十公斤以下，當你把你的方法公布出來，就會有成千上萬想要減肥的人，會想用你的方法來減肥，因為你自己就是一個最好的見證人，你用這個方法可以做得到，別人就會認為只要他也用這個方法，他也一定可以把體重減下來，跟你一樣。

南韓知名運動健身教練鄭多燕（又譯為鄭多蓮，本名鄭美燕）身高一六二公分，生完孩子後體重從四十八公斤暴增至七十八公斤，變成了一個臃腫的媽媽，因為聽到丈夫無意中說的一句話「好懷念你結婚前的樣子」，因而深受打擊，於是努力開始減肥，自創了一套減肥操，讓她從七十八公斤瘦成四十九公斤的辣媽。

然後她開始推廣她的減肥健身運動，因為她將自己的瘦身經驗公布在網路上，因而引爆話題，在韓國引起極大的迴響，她也因而出了一系列的健身書籍、並成立健身房，建立起自己的事業，在華語地區也很受歡迎。

如果是想減肥的女性，只要看了她減肥前跟減肥後的照片，馬上會被她所說服，然後你就會想，只要我按照她的方法，一樣照做，我也可以像她一樣瘦下來，像她一樣的美麗動人，然後你就會掏出錢來買她的書，或是報名參加她所辦的減肥課程。

擁有17號閘門的人，你可以想想在你過去的人生中，有什麼事情是你曾經做過然後得到好結果的？什麼是你曾經獲得確定的成功經驗的事情？不管是念書、減肥、運動、旅行、美食、甜點……等，如果你是**透過一種方法、工具、技巧，來得到好結果，那麼你就可以銷售這種方法、工具、技巧**，因為那些想得到跟你一樣結果的人，他們會花錢得到在你身上已經驗證過、行得通的方法或工具，**這就是17號閘門賺錢的方式**。

閘門

18

賺錢方式

糾正錯誤

閘門屬性	社會性
所屬通道	18-58
對應閘門	閘門58

18號閘門是「更正、訂正」的閘門，擁有18號閘門的人，有能力在既有的模式中挑出錯誤，透過這種找出錯誤的能力，便可以修正錯誤的地方，透過找出既有模式中的錯誤，讓事情可以變好，也因此讓我們擁有穩定、安全的未來。

「批評、找出錯誤」，就是18號閘門賺錢的方式。

如何用批評、找出錯誤來賺錢呢？譬如你可以是一個校對人員，利用18號閘門的才能，透過核對原稿，校正錯字、標點及語意不通順的地方，將錯誤處加以標明更正，利用這樣的方式賺錢。

你也可以是位電腦工程師，專門找出程式的錯誤來賺錢，譬如一九九九年時，全世界的電腦工程師為了化解千禧蟲的問題，耗盡了無數時間與資源，才能讓全世界的電腦系統安然轉換。

你可能是個品管人員，專門挑出瑕疵的產品，譬如一顆有瑕疵的咖啡豆，會毀掉你花費時間及精力沖煮出來的咖啡，所以要把所有瑕疵的咖啡豆都挑出來，才能確保咖啡的品質。

批評、找出錯誤，也可延伸成追求完美，因為無法容忍瑕疵，看到瑕疵就一定要改善改好，走到極致，因而產生完美的產品。

例如，至盈企業的老闆陳啟祥，年輕時是從事木器家具外銷的工作，但常常收到外國買主抱怨，說買家組裝家具後常常無法拴緊，導致家具不穩，為了解決這個問題，他仔細研究整套木製家具的結構與組成，後來他發現，問題不是在木製家具上，而是螺絲的品質不良所造成。

為了解決這個問題，他找了好幾家螺絲廠討論如何改進螺絲、解決這個問題，但螺絲工廠都覺得他們已經做得很好了，不需要改善，最後陳啟祥籌措了七萬五千元，決定親自開螺絲工廠，製作他理想的螺絲。

螺絲在整組木製家具中占的成本實在是非常低，一張兩千元的桌子，螺絲大概只有兩塊錢，但陳啟祥成功的說服客戶：採用了他所提供的更好品質的螺絲，可以使螺絲更小、更精準，就可以省下更多的木料，反而省下更多的成本。

為了做出最好的品質，陳啟祥買最好的設備，因此，漸漸的，越來越多的家具商開始使用陳啟祥的螺絲，之後，在某一年的展場上，宜家家居（IKEA）找上他，向他訂製了一項產品，這項產品是兩百萬支螺絲，且必須要達到零不良率，一般廠商不會接受零不良率的要求，但陳啟祥為了達到對方的標準，花了超過五千萬元購買篩選設備，完成**IKEA**這筆訂單，現在至盈企業供應**IKEA**的螺絲產品高達六百項，成為**IKEA**最大的家具螺絲供應商。

至盈企業一九八〇年成立時，資本額是七萬五千元，到二〇一五年時營業額已經超過二十三億。

運用你的18號閘門找出人、事、物的錯誤，讓這些產品、服務變得更完美或有更好的功能，便是18號閘門的賺錢方式。

閘門

19

賺錢方式

生存保障

閘門屬性	家族性
所屬通道	19-49
對應閘門	閘門49

19號閘門是「想要、需求」的閘門，是關於為了讓我們的部落維持生存下去，我們的部落需要什麼樣的資源？

在遠古時代，人們在部落中群居在一起，為了能夠順利的生存下去，這個部落必須擁有充足的資源，主要是土地和食物，人們才能生存，所以19號閘門便會確保部落中有足夠的資源，否則部落就會分崩離析。

到了現代，土地、食物一樣是維護人類生存的重要資源，但因為時代的進步，這些資源開始產生進化，因為以前是需要有土地，人才可以在上面建造房子，因而確保自己的安全。而現在工業社會則是在都市中建造高樓大廈，我們不見得要擁有土地，只要有房子就能居住，在自己的房子獲得安全，甚至租房子居住一樣可以獲得安全。因此土地的概念已經轉換成房產、資產甚至轉換成錢，只要有足夠的錢，就能讓我們能生存下去。

因此，如何保護自己及別人的財產、錢，便是19號閘門賺錢的方式。

譬如，19號閘門可以從事保全業，負責保護客戶的居家安全，防止被壞人侵入，偷走客戶的財產，只要客戶用了你提供的安全的、有保障的保全系統，就可以不用擔心他的財產安全問題，這就是19號閘門的賺錢方法之一。

另外，為了怕財產受到損失，延伸出保險業，只要投保了適當的金額，不管天災、人禍，讓客戶的財產都可以受到一定的保障，不用擔心。

從保護財產再延伸，就是保護我們的生命安全，因為保護財產、資源的最根本目的，就是保護我們的人身安全，所以有關保護人們的生命安全相關的產品、服務，都是19號閘門的賺錢方式。

舉例來說，大家在電視、電影或書籍中，都看過有關世界末日、核戰的描述，如果發生了這種危機，人類勢必大量死亡，很少人能活下來。

為了解決這個問題，有人就建造出「生存公寓」或者稱為「末日公寓」來避免這種災難，它的作法是在美國堪薩斯州一處偏遠的郊區地帶，利用一個廢棄的飛彈發射井，改造成一座位於地下的大型公寓，深入地下五十三公尺，共有十四層樓，其中七層樓是讓人們居住的公寓，另外七層是圖書館、電影院、游泳池、酒吧等娛樂休閒場所，還有射擊場跟攀岩場，另外還有菜園以及遛狗的地方。

這個公寓裡面儲存了大量的物資與水源，可以讓七十個人在裡面生活五年，公寓有大有小，售價在一百五十萬美金到四百五十萬美金之間，目前第一棟公寓已經賣完，正在興建第二棟公寓中。

所以，**任何有關保障人們財產、人身安全的產品、服務，都是19號閘門的賺錢方式。**

閘門

20

賺錢方式

快速反應

閘門屬性	個體性
所屬通道	20-57
對應閘門	閘門57

擁有20號閘門的人，可以察覺在當下所發生的事情，並把這察覺、理解轉化為行動，透過在當下立刻處理、立刻回饋的能力，把事情做好，快速解決。這種在「現在、當下立即處理的能力」，就可以轉化為賺錢的方式。

譬如一般沖洗照片都要半天到一天的時間，以前甚至要兩三天的時間，但是有些店家會提供「快洗」的服務，三到五分鐘就可以完成，但是價格可能就要翻倍，這就是利用在當下立即處理的能力來賺錢。

每個人每天都要吃飯，如果在家裡煮飯，從買菜、洗菜、煮菜到完成，都要花上一、兩個小時的時間；如果出去外面吃飯，出門到餐廳、點菜、等菜上桌也需要一段時間。如果想要快速滿足飢餓的需求，速食麵泡麵是一個最好的選擇，打開後加入熱水，等待三分鐘後便可享用，這是利用

「現在、當下立即處理飢餓的能力」來賺錢的方式。

另外，在第二次世界大戰後，全世界大多數國家都進入戰後重整的階段，工商業不振，物資缺乏，只有美國不受戰爭的影響，因此工廠可以大量生產，那時的目標是大量製造、大量完成，儘量生產更多的產品，這樣才能賺更多的錢，生產出來的產品都是到完成後才去檢查有無瑕疵品，在整個大量生產的過程中，機器不能隨便停止，因為一停止後便會影響生產的進度。

二戰後的日本，生產的東西品質低劣，在市場上也沒有競爭力，一九五〇年六月十六日，日本科學家與工程師協會（JUSE），邀請戴明博士（William Edwards Deming）到日本做「統計與品質」的系列講座。戴明指出：如果能把品管流程做好，在每一個環節都做好，一次就把事情做好，就不用浪費力氣補救或重做。

因此他說服日本工廠的管理者及工人，在任何生產的環節，只要發生任何問題，每一個工人都可以在當下停下生產的流程，解決這問題，才能繼續製造（美國因為是大量生產，為了生產出大量的產品銷售出去，只有工廠的管理者有權決定是否停下生產流程，工人沒有任何決定的權力），戴明鼓勵每個工人在每個當下，只要發現問題，都可以當下進行解決。

透過這樣的作法，戴明成功把「高品質反而降低成本」的理念，移植到日本的工廠中，經過五年，日本的產品就已經超越美國了，但因為日本還沒跨足到精密、高價的工業品，所以美國人還沒感覺。

等到一九八〇年日本產品橫掃美國，連美國最自豪的汽車市場，都成了日本車的天下時，美國NBC電視台提出了一個疑問：「日本能，為什麼我們不能？」

因為日本人接受了戴明的指導，在每一個當下遇到問題，就馬上改進，一步一步走，即使一開始比美國的產品差，但經過數十年的努力，反而超越美國（即便在高科技的產品上）。這就是「現在、當下立即處理」的威力。

如果你有20號閘門，可以想想有什麼事情可以當下解決？你可以提供什麼樣的商品、服務？快速解決別人的需求，可以在既有的事情上透過加快速度來賺錢。你也可以**創造新的想法、產品與服務，讓別人可以更便利，這就是20號閘門的賺錢方式。**

閘門

21

賺錢方式

掌控情勢

閘門屬性	家族性
所屬通道	21-45
對應閘門	閘門45

21號閘門是一個「控制」的閘門，因為21號閘門有最強大的自我力量。而這最強大的自我，是為了能夠服務和保護部落。在現代社會就是用來服務和保護社群、公司、家人……等，因此21號閘門必須「控制」，確保群體能夠生存下去，確保群體有足夠的食物吃、有足夠的地方睡覺、有足夠的衣服可以穿。

人的身上會有體味，尤其不同國家的人更是會有不同的體味，每個人會有不同體味的原因之一，就是吃的東西不一樣，因而產生不同的味道，所以同一個部落中的人，因為所有人吃的都是相同的食物，大家的味道聞起來都差不多；而不同部落（國家）的人，因為吃的東西不一樣，所以體味也不一樣。

在國際貿易的新聞中，常常會看到某些國家拒絕進口其他國家的農產品或食物，為什麼呢？因為他們不想改變飲食，因為飲食被改變後，部落就被改變了，所以為了我們的部落不被改變，為了讓部落持續吃固有的食物，所以21號閘門要控制大家吃什麼。

衣服部分，我們可以通過不同的服裝來辨認不同的部落，譬如日本的和服、印度的紗麗、越南的奧黛……等，不同的民族都有各自代表自己民族的特色服飾，尤其在傳統部落聚會時，都會穿上自己的獨特服飾，表達他們的民族文化，代表他們都是相同的部落。現代社會中，公司也像是個部落一樣，有些公司會要求員工穿制服，因為穿上相同的制服，就代表是相同公司的一分子。

居住的地方更是代表部落的本質，相同部落的人會住在一個區域中，外來的人是沒有辦法住到這個部落中，部落必須要能控制誰能住在這部落中，且也要確保部落中的人都有地方住，才能保障部落裡人的安全。

因此，21號閘門可以銷售房地產、銷售服裝、銷售食物。

另外，21號閘門也可以利用「控制」來獲得對自己、對部落的好處。

流行音樂天后瑪丹娜，數十年來一直保持是身價最高的流行天后，來台灣辦演唱會票價最高達三萬元，創下台灣演唱會史上最貴的票價，而為了達到完美的演出，瑪丹娜「控制」了一切。

其他藝人的演唱會，大多是由承辦單位在當地找音響設備、布置休息室，而瑪丹娜為了確保聲音傳播出去的品質，在全球每個演唱城市都一致，所以燈光、投影等設備都自己帶，光是演出的設備，就包了四架貨機帶了三十個十六公尺貨櫃，連舞台邊的圍欄也自己帶。

為了保護自己的聲音，她將所有可能會導致表現失常的因素都排除掉，所以她把專屬的休息室原裝原吋空運來台灣，包括健身房、按摩房、家庭房到梳妝區；休息室內溫度一律維持在攝氏二十度，不讓不穩定的空氣影響呼吸系統。

地毯、沙發因為會跟身體接觸，她擔心如果使用新的物品會不習慣、受影響，或是水土不服讓她生病、體力不支，導致無法完美演出，這些東西乾脆就自己帶。

因為她控制了一切，才能在每一個城市都能看見一模一樣的表演，且讓她每一次的表演都能展現一樣的完美。

因此，**藉由控制你的產品、服務都能達到一樣的水準，或是利用你的產品、服務，來控制人、事、物，因而使自己或其他人得到好處，就是21號閘門的賺錢方式。**

閘門

22

賺錢方式

傾聽心聲

閘門屬性	個體性
所屬通道	12-22
對應閘門	閘門12

要能真正賺到錢的一個關鍵是：「聽到人們真正想要什麼。」你必須要真正知道你的客戶想要什麼，才能把他們想要的東西賣給他們。

譬如香水廣告是一個很有趣的事情，香水廣告賣的是香水，也就是香味，但是大多數的香水廣告中你看不到香水的存在（頂多是在廣告的最後才出現），另外，香味在廣告裡也看不到，那麼，香水廣告到底在提供什麼訊息呢？

香水廣告在賣的是情緒、氛圍、美麗、激情、自由、愛情，因為這才是人們底層真正想要的，香水公司透過廣告，讓人們相信，只要買了香水，噴了這些香味，他們就可以得到魅力、浪漫與愛情等，這一切都是因為香水公司聽到了人們心裡真正想要的東西。

擁有22號閘門的人，是一個很好的傾聽者，擁有獨特的傾聽能力，當22號閘門的人願意傾聽時，坐在22號閘門對面的人，會很自然的吐露心聲，說出他內心底層的想法，或是心裡真正想要的東西，都會全然的告訴22號閘門。

當22號閘門的人心情好時，他是非常擅長社交的、開放的，他是有魅力、有吸引力的，因此其他人會主動願意訴說內心的想法，當22號閘門運用傾聽的能力，讓對方講完所有的話後，對方也會願意接著聽22號閘門所說的話，讓22號閘門的人也能把想講的話都講完。

二〇一二年，Google公司想知道為什麼有些團隊運作得很好，有些團隊卻有很多問題、無法運作，到底是要有什麼樣特質的員工，才能夠團結合作、運作良好呢？

他們委託外部單位成立了一個專案小組（代號是亞里斯多德計畫），調查了Google內部一百八十個員工團隊。他們詳細研究了團隊中成員的人格特質、背景、興趣嗜好……等。在收集、分析了三年資料之後，小組得到一個結論，他們發現，最有生產力的團隊，是成員發言比例大致相同的團隊，也就是大家都能輪流說話，而不是只有少數人卻占據了大多數發言的時間；這是一個能夠團結合作、運作良好團隊的條件。

小組發現成功團隊中的成員會彼此傾聽。大家輪流發言，彼此都會聽對方把話說完，再給予回饋，因此建立了彼此的信任，成員之間更願意分享彼此的資訊與想法，不用擔心被拒絕或反駁。

小組對Google公司提出要建立成功團隊的四個建議：一、重視傾聽；二、接納缺點；三、樂於讚美；四、開放、透明。

二〇一五年擔任Google公司執行長兼董事長的桑德爾．皮查伊（Sundar Pichai），在二〇一九年一次演講中，提到了對企業領導的建議：「領導人應該少說多聽。」

因此，傾聽也是一個成功企業領導人不可或缺的能力。

擁有22號閘門的人，可以思考的是如何運用「傾聽」這個能力來賺錢，只要你的工作可以用到「傾聽」這個能力，譬如，業務員要做好銷售，便需要傾聽出客戶真正的需求；老師或主管，可以傾聽出學生或下屬的想法；當記者可以讓受訪者說出他真正的想法……等。

只要你願意傾聽，真心開放去傾聽，你的「傾聽」能力自然會讓與你對話的人，告訴你他心中的想法，這**就是22號閘門的賺錢方式**。

閘門

23

賺錢方式

改變現狀

閘門屬性	個體性
所屬通道	23-43
對應閘門	閘門43

23號閘門扮演著一個翻譯者的角色，翻譯來自43號閘門獨特的想法，透過找到一個方式或語言把它溝通出來，讓別人可以明白。

23號閘門要學習的就是，要能夠解釋自己獨特的想法，讓其他人明白他的想法特點是什麼？可以產生的好處是什麼？可以為大家帶來什麼樣的影響？因此23號閘門的人需要學習如何溝通，才能發展出適當的技巧，解釋自己獨特的洞見與想法，否則容易被別人所拒絕。

23號閘門必須能夠解釋清楚，因為來自43號閘門的想法是非常獨特、與眾不同的，因為跟別人都不一樣，如果你無法解釋清楚，別人無法聽懂，周圍的人就會抗拒23號講出來的東西，排斥它、拒絕它。

如果23號閘門可以解釋他的想法、立場，能夠清楚解釋他自己的時候，大家便開始能夠容忍他，解釋的越清楚，大家就越能接受他，當其他人接受了23號閘門所說的新想法後，也代表了其他人開始被23號閘門同化，漸漸改變了立場。

所以當23號閘門能夠順利溝通他獨特的想法時，因為是創新的想法，將會破壞或取代目前既有的作法，譬如電腦的發明，讓打字機失去作用，以前的祕書需要學習打字技術，既要能打得又快又好，又不能有任何一點失誤，因為打錯一個字，整張紙就要重打。電腦發明之後，完全解決打字機的不便之處，若有錯誤可以隨時修正，也可以隨時增加或刪減內容，還有各種漂亮的字體提供選擇，所以打字機完全被電腦所摧毀。

音樂是世界八大藝術之一，我們的生活中處處充滿音樂，而播放音樂的載體不斷在改變，從一九三一年的黑膠唱片，一九六三年的卡帶，一九七八年出現的CD光碟，一九九八年出現的MP3播放器，到二〇〇四年出現的線上數位音樂。

在這些播放音樂的載體中，除了黑膠唱片，仍為許多發燒友所喜歡、珍藏外（但目前數量也是很少量），卡帶播放器已經很難買到了。現在連CD光碟都很少見了，以前的筆記型電腦都會內建CD光碟機，現在這個功能大多已經拿掉了，MP3播放器流行一段時間，但現在的手機大多有播放音樂功能，且現在的音樂大多為數位音樂，用手機或電腦即可收聽，輕巧、方便又容易。

音樂載體的歷史，就是一個「改變現狀的新產品」的歷史，卡帶摧毀了黑膠唱片，CD光碟機摧毀了卡帶，MP3播放器或者說數位音樂摧毀了CD光碟機。

所以，若有一種新產品、新技術、新服務的誕生，意謂著一種舊事物被這新產品所摧毀，因為舊事物代表著既有的習慣、人們熟悉的事物，因此，創新的想法、技術，剛開始引入時都很容易受到抗拒，但是隨著人們慢慢接受新事物，可能造成很大的改變，甚至對整個產業重新洗牌。

23號閘門的賺錢方式，就是把你腦袋中的創新想法，或是你從外界接受的新想法、新技術，找到一個突破點進入市場，但你心裡要有個準備，因為是創新的東西，有可能一炮而紅，但也可能因為是新事物，所以群眾需要一點時間來接受，只要好好的溝通你的想法，讓別人可以了解你帶來的新技術所能得到的好處，最終群眾會接受你的創新想法的。

閘門

24

賺錢方式

入迷

閘門屬性	個體性
所屬通道	24-61
對應閘門	閘門61

24號閘門是「體悟」、「合理化」的閘門，它試圖辨認一些以前從未出現過的新東西，試圖去理解它，找到一個新概念，然後開始合理化，最終成為一個解釋。

擁有24號閘門的人，腦袋非常忙碌，因為它會一直想一直想，無法停止下來，為了能讓24號閘門的腦袋安靜下來，24號閘門的人要練習對於思考的事情分類。

首先，把事情分成能知道的跟不能知道的兩類，對於不能知道的事情，像是人什麼時候會死、地球會不會滅亡……等這些問題。這些問題，無論你怎麼想，也可能想不出答案，就儘量不要去想。

要去想能知道的事情，譬如運動計畫、想去哪裡旅行、想學什麼才藝……這些是你能夠知道的事情，、就可以去想。

然後，對於你能夠知道的事情，又要分成兩類：

第一類是不重要的事情，譬如明星之間的緋聞、隔壁鄰居的狗剛生了幾隻小狗……這些不重要的事情，你知道跟不知道對你的生活不會有什麼影響，你也儘量不要去想。

第二類是重要的事情，譬如提升工作效率的技巧、對於生涯發展的規劃……等，這些重要的事情，就可以經常去想。

如果24號閘門的人，能專注在想「能夠知道」且「重要」的事情，那麼腦袋就可以輕鬆一點，不會花太多時間在不重要的事情上。

因為24號閘門試圖去理解一些以前沒有存在過的東西，所以它會一直想，這也是24號閘門稱為「反覆」的原因，因為它會有壓力想要對新的事物、神祕的事物找出答案，如果這是他喜歡的事情，他會一次又一次的做它，反覆又反覆，無止盡的做這些事情，所以我們稱之為「入迷、上癮」。

有些人對咖啡上癮，一天生活的開始是從第一杯咖啡開始，如果某一天沒有喝到咖啡，就會覺得渾身不對勁，有人甚至一天要喝好幾杯咖啡才可以，也有人則是對茶上癮。

有人對運動上癮，一星期總要去打幾場籃球，或是一定要去高爾夫球場揮桿，或是每天要運動，他對良好的運動習慣上癮。

擁有24號閘門的你，可能對某些事情上癮，你從以前到現在都持續的、長時間在做這件事情，但我們建議，要對良好的、正面的事物上癮，不要對毒品、賭博等不良習慣上癮。

當**你對某件事情上癮**，表示你喜歡這件事情，你**可以從這件事情獲得啟發**、**喜悅**、**刺激**，才會讓你不斷重複這件事情。所以，你可以**把上癮的這件事情**，**銷售給其他人**，因為他們可能也會跟你一樣，會對這件事情上癮，譬如你喜歡喝咖啡，對咖啡上癮，你可以開一家咖啡廳，賣你喜歡的咖啡，分享給同好，讓他們也對你喜歡的咖啡上癮。或是你喜歡某一個品牌的衣服，對這品牌的衣服上癮，你也可以想辦法銷售這品牌的衣服，既可以每天看到喜歡的衣服，又可以賣給其他喜歡相同品牌的人，然後又能夠賺到錢，**這就是24號閘門的賺錢方式**。

閘門

25

賺錢方式

經歷存摺

閘門屬性	個體性
所屬通道	25-51
對應閘門	閘門51

25號閘門的賺錢方式，是一個特別的方式，因為它的重點是基於過去發生的事情，運用你過往的經歷，結合在現在的工作上，產生一個特殊的化學作用。但是在過去發生那些事情的時候，你當時可能完全想不到未來會運用在哪裡。

25號閘門是一個「天真、單純」的閘門，因為這是一個個體人的閘門，個體人閘門追求的是「新」事物，所以25號閘門會想得到新的學習、新的體驗。

因為想得到新的經驗，因此對既有的、已經發生過的事情就不會感興趣，所以他不喜歡去做大家都做過的事情，因為大家都做過了，別人都體驗過了，那我再去做就不是新鮮事了。

反之，他會被從沒有人做過的事情所吸引，想要是第一個去做的人，因為以前都沒有人做過，所以第一個做的人就可以得到新的學習、新的經驗。因為25號閘門出於「天真、單純」，讓他會去走向以前沒有人走過的路，或許這條路很困難、有危險，或許這條路很辛苦……將會遇到各種不同的狀況。

如果是一個世故、有經驗的人，出於頭腦的評估判斷，對於很多困難的事情、沒有用的事情、投資報酬率很低的事情，經過好壞評估及優缺點的考量後，可能就不會去做了。

由於25號閘門的天真，讓他會去做一些沒人做過的事情，走一些沒人走過的路，因此他可能會遇到很多意外，可能會有好事，也可能會有壞事。不過，這裡說的沒人做過的事，並不一定指的是從來沒有人做過的事，因為，太陽底下沒有新鮮事。就連月球都已經有人上去過了。

這裡指的沒人做過的事，沒人走過的路，指的是25號閘門周圍的環境中，沒有人做過的事情，譬如25號閘門周圍的人都住在一個小鎮中，大家也都習慣於這個小鎮，沒有人離開過。這個有25號閘門的人，出於天真的想法，想要離開小鎮，去大城市走走，或是到別的地方旅行，因為他想要獲得新的經歷。

出於天真，25號閘門的人會去做不同的事情，走不同的路，因此，經歷周圍的人所沒經歷的事情，這些事情在當下可能沒有什麼用處，甚至可能是失敗的經驗，但隨著25號閘門不斷的嘗試，長期累積的人生經驗，到某一個階段之後就會開花結果，許多看似沒關係的事情，但卻產生巧妙的碰撞，開出美麗的花朵。

賈伯斯於二〇〇五年對史丹佛大學的演講中說道：他在十七歲時選了一所跟史丹佛大學學費同樣昂貴的里德學院，念了半年後，看不到什麼價值，又不想讓父母繼續付昂貴的學費，因此決定休學。

他休學後沒有馬上離開里德學院，而是在學校待了一段時間，因為他可以不用再去上他不感興趣的必修課，而去上那些看起來很有趣的課。他注意到校園裡大多數海報的字形都很美，原來學校裡有一門研究字形的課。賈伯斯從這門課中了解襯線體和非襯線體的字形特色，也注意到不同字形的字母間距會有所不同，不但優美還蘊含歷史及藝術含義。

這些字形的學問，當時在賈伯斯的生活中沒有任何實際運用，但是十年後，當他設計蘋果電腦時，一切又回到了他的腦海中，他把這些字形放進電腦中，讓蘋果電腦擁有許多優美的字體，並可以做出非常出色的排版，如果他當時沒有上那堂課，蘋果電腦就不會有這麼棒的功能。

所以，擁有25號閘門的你，所走的沒人走過的路，經歷以前沒有經歷過的體驗，不管當下是成功或失敗的經驗，只要你做的決定是正確的決定，不必在意當下的成功失敗，因為，這一**切的經驗，都會變成你的養分，在你未來的時間開花結果**，因此，請珍惜你所有的經驗。

閘門

26

賺錢方式

超級業務

閘門屬性	家族性
所屬通道	26-44
對應閘門	閘門44

26號閘門是屬於部落人的閘門，部落的天性是保守的，所以要說服部落相信任何事情都是很不容易的，尤其是創新的事情。但是，從遺傳學的角度來說，如果一個部落沒有進行創新，這個部落最終會滅亡。

26號閘門有一個作用，就是說服部落進行創新，讓部落接受新事物，而為什麼26號閘門能夠說服部落進行創新呢？

因為26號閘門是「業務員」的閘門，它也是一個「誇張、誇大」的閘門，為了說服客戶買他所銷售的產品，業務員必須強化他的產品的特色，所以有時可能為了將優點極大化，業務員講話常常很誇張。

另外，26號閘門也是一個「自大狂」的閘門，所以26號閘門會強調它是最好的，不是新的也不是改良的，而是最好的，他賣的冰箱是最好的冰箱、他賣的微波爐是最好的微波爐、他賣的車子是最好的車子……等。

因此26號閘門銷售的就是「最好的」，你要有自信認為你賣的產品是最好的、你所提供的服務是最好的，當你真心認為你所提供的產品、服務是最好的，你所散發的能量場，也會影響其他人認為你所提供的產品、服務是最好的，進而購買你的產品與服務。

所謂「最好的」，不一定有標準答案、也不一定只有唯一一個答案，以汽車舉例，26號閘門賣的「最好的車子」可能就會有很多種答案，譬如我賣的最好的車子是「最有名的廠牌」、「最安全的車子」、「最好的引擎」、「最省油的車子」……等，因為每個人對「最好的」定義並不一樣，重點是在你自己身上，你一定要對你所提供的產品、服務，找到你認為是最好的、最棒的，別人才會被你影響，因而接受你、欣賞你。

例如，美國前總統川普曾經說過，他自己做得最好的事情，就是在最好的地段蓋上最好的房子，他說：「如果我蓋高爾夫球場，它就得是最棒的，如果我蓋摩天大樓，它就得是最好的。」

因此他也曾在一本書上提到：「人們可能不會時常想得很遠大，但他們仍相當樂見敢於如此的人。人們想要相信最大、最棒以及最特別的事情。」

川普在二〇一六年美國總統大選時用的口號就是「讓美國再次偉大」（Make America Great Again），川普強調美國是一個偉大的國家、世界上最好的國家，藉此吸引那些認同美國是一個偉大國家的美國人投票給他，因此當選二〇一六年美國總統。

相信自己的產品、服務是最棒的，也吸引其他人認同你的產品、服務是最棒的，**就是26號閘門的賺錢方式**。

閘門 27 賺錢方式

知識優勢

閘門屬性	家族性
所屬通道	27-50
對應閘門	閘門50

一個部落要成功，便需要教育，因為在部落人的想法中，最重要的是穩定、維持不變。可是穩定、維持不變，也意謂著沒有任何改變，如果一個部落長期沒有改變，初期可能還好，但隨著時間的前進，就像是一灘死水一樣，這個部落便會失去競爭力，最終會被淘汰。因此，部落需要教育，當部落裡的人受到的教育越高，他們就會擁有更新的技術、更有效率的作法，也會更有競爭力。

有句話說：「教育是翻轉貧窮的不二法門。」根據二〇一八年勞動部的統計資料，高中或高職學歷的薪資比國中或以下的高五%，專科比高中或高職的薪資高六%，大學比專科的薪資高十%，研究所的薪資比大學高十五%，所以學歷越高，薪資水平也會越高。

所以，27號閘門賺錢的方式，一個就是跟「教育」有關，透過讓別人可以接受更多的教育來賺錢，譬如學校的教育，或是在職培訓、升學補習班、英文補習班、電腦補習班……等各種相關的教學機構，都是為了讓人可以得到更多的知識，獲得更好的教育。

27號閘門本身就想學習更多，渴求更多、更高的知識，當他學習到這些知識之後，便可以把它傳遞給也想要這些知識的人，透過提供這些知識，便是27號閘門賺錢的方式之一。

另外，你的賺錢方式也可以跟「教育」有關，但你並不直接提供教育，譬如代辦留學的服務，讓台灣的學生可以到世界各國留學，或是上語言學校……等，這也是跟提供教育有關的賺錢方式。

另一個賺錢的方式，跟「知識」有關，因為27號閘門渴求知識，因此會主動追求許多新知識，而知識就是力量，透過27號閘門的努力，去獲得別人沒有的知識，因而產生競爭力，就是27號閘門的賺錢方式。

現在很多農民第二代、漁民第二代，在外學會了新的知識，關於耕種、飼養的新方法及新技巧，回家改良原有的種植、養殖方式，或引進高科技管理，運用網路行銷，翻轉原本經營日益困難的農業與漁業環境，這就是利用知識來賺錢。

例如，有一個由原先在銀行業、高科技產業，從城市回到鄉村的農二代組成的代耕團隊，說服了老農民把土地租給他們，採用專業、大型的耕作機器，進行更有效率的作業，比起傳統的人力或小型機器來說，運用大型耕作機器所生產的速度、效率和精度都提升很多，同一塊土地可以產生更高的經濟效益。

相對的，這些大型機械費用都很高，通常都要數千萬元，這團隊的人因為懂英文，在網路上發現一個國際農機拍賣網站，可以用三分之一的價格，買到原價上千萬的採收機，在更換鍊條、皮帶、齒輪後，功能幾乎跟新的一樣，而且二手農機的壽命可以超過二十年，他們利用三分之一的價格買進，兩年半就可以回本，如果用新的農機就要六、七年才能回本。

所以，善用知識，在自己的產品、服務上發揮出比別人更強的優勢，就是27號鬧門的賺錢方式。

閘門

28

賺錢方式

找到意義

閘門屬性	個體性
所屬通道	28-38
對應閘門	閘門38

28號閘門的人非常追求「意義」，對於28號閘門的人來說，他有一個深深的恐懼，恐懼人生虛度、沒有意義，因此，對於28號閘門的人，「意義」是很重要的事情，如果對於一份工作找不到意義，這個28號閘門的人就不想做這份工作了。

很多時候，當28號閘門的人想要離開一份工作時，在他人眼中會覺得很不可思議，因為別人認為28號閘門現在的這份工作很好，薪水很高、福利很好，公司前景也看好，一切都很好，為什麼這個28號閘門的人卻想要離職，家人跟同事都百思不解，一直勸他不要離職，也搞不懂為什麼明明這麼好的工作，卻不想做下去。

因為對擁有28號閘門的人來說，「意義」是他所追求的，這工作必須對他有意義，如果這工作沒有意義，他便不想再繼續工作下去，就算薪水再高、福利再好、旁邊的人再怎麼勸他，也很難改變28號閘門的心意。

因為28號閘門是個體人的閘門，而個體人是以自己為主，重視自己的特立獨行、與眾不同，所以旁人對他的勸告，他根本不會聽，一定要按照自己的想法，走出自己的路才可以。

28號閘門的人，對於要從一件事情找到意義，不是件容易的事情，因此，給28號閘門的建議是：你可以練習「賦予」一件事情意義。

舉例，有一個人經過一個工地，看到三個人在搬磚頭，他問第一個人：「請問你在做什麼？」第一個人回答：「我在搬磚頭。」接著他問第二個人：「請問你在做什麼？」第二個人回答：「我正在工作，透過這個工作可以讓我賺錢養家活口。」最後他又問第三個人：「請問你在做什麼？」第三個人回答：「我在蓋一間美麗的教堂。」

同樣都是搬磚頭這件事，看來看去就是搬磚頭，就是這麼簡單的一件事，要只從搬磚頭這件事情找到意義，可能很困難。但是，如果你可以從另外一個角度思考，看你想要「賦予」搬磚頭這件事什麼樣的意義？看你能夠賦予搬磚頭這件事什麼樣的意義？因為「找到」意義，可能找得到也可能找不到，但是賦予它意義，可以是你的選擇，是你可以掌握的，讓你所面對的事情都能變成對你有意義。

有28號閘門的人，賺錢的方式，就是要找到「對你有意義」的工作，或是你可以從工作中得到屬於你的意義，不管是什麼樣的工作，只要你覺得有意義，你就有做下去的動力。

從這個角度延伸，只要你的工作、產品、服務，如果能夠讓別人「找到意義」或「覺得有意義」，也是28號閘門的人的賺錢方式，譬如旅遊業，提供一些獨特的旅行，或類似「生存冒險」的行程，讓那些失去目標的人透過冒險得到樂趣或找到意義。

另外，有很多的電影、小說、戲劇，提供了很多冒險的劇情、場面，透過其中主角的冒險，尋找屬於他的意義，讓人看了之後受到激勵，覺得人生就是要這樣才有意義，因而受到啟發，或者提供各種對「人生意義」的詮釋，這也都是28號閘門賺錢的方式。

舉例來說，有一部電影《白日夢冒險王》（*The Secret Life of Walter Mitty*），描述雜誌社員工華特·米提平時就有各式各樣的白日夢，但因為他找不到一個知名攝影師尚恩·歐康諾的底片，這底片的其中一張照片將作為這份雜誌最後一期的封面，為了找到照片，從未真正出去冒險過的華特，決定出門去找尚恩，他一開始先前往格陵蘭，在當地一間酒吧中得知尚恩在一條漁船上，於是他便跟著剛好要送無線電零件給那條船的郵差一同前往。因為他們是搭乘直升機過去的，所以華特必須從直升機跳到船上，但不小心跳到了海上，奮力抵抗鯊魚後被救了起來，接下來就是他一連串精彩又刺激的冒險。

許多有28號閘門的人很喜歡這部電影，因為透過華特不斷的冒險去尋找尚恩這件事，讓他們覺得很有意義。因為華特工作十六年來從未弄丟過一張照片，所以他必須做到完美的收場。

有趣的是這部電影的評價非常兩極，喜歡的人很喜歡，但也有人給出非常差的差評，例如：「一個從沒去過哪裡或是做過什麼事情的男人，突然就哪裡都去過、什麼都做過，在我看來他還不如待在家裡。」

我覺得這說明了一件事，從人類圖的觀點，每個人的設計都不一樣，如果擁有28號閘門的人，會理解華特為什麼要這麼做，因為他們都對「意義」非常在乎，他的工作一定要有意義才行，所以擁有28號閘門的人，會對28號閘門的內容產生共鳴。

但因為28號閘門是個體人的閘門，個體人強調自己的特立獨行、與眾不同，所以也有可能一個28號閘門人覺得很有意義的事，另一個28號閘門卻不覺得有意義，但他們同樣都很重視「意義」。

如果是一個沒有28號閘門的人，就完全不明白為什麼要這麼做，可以用別的方式處理。為什麼要去冒險，這不是浪費時間嗎？

所以，世界上有許多好的想法、好的觀念，但不見得適用所有人，透過人類圖，找出自己的強項，避開自己的弱點，將可以使你事半功倍。

閘門

29

賺錢方式

投入體驗

閘門屬性	社會性
所屬通道	29-46
對應閘門	閘門46

29號閘門是一個「承諾」的閘門，這是一個容易答應別人、容易「say Yes」的閘門。

「你可以幫我做這件事情嗎？」

29號閘門：「好。」

「你可以借我錢嗎？」

29號閘門：「好。」

「你這週末可以幫我代班嗎？」

29號閘門：「好。」

「你可以幫我作保人嗎？」

29號閘門：「好。」

有29號鬧門的人很容易答應別人，不管是好的事情、壞的事情、對的事情、錯的事情，常常因為太輕易就答應別人，最後讓自己身陷困境，惹來很多麻煩。

因此，擁有29號鬧門的人，要開始練習不要太輕易答應別人，不要輕易「say Yes」，但是也並不是就要「say No」，而是要練習「say Wait」。意思就是不要急著說好，也不是馬上拒絕，而是要練習說「等一等，讓我先想一下」。

如果你練習人類圖已經有一段時間，可以用你的策略跟內在權威，決定要不要接受對方的要求，如果不是很確定的話，先說「等一等，讓我想一下」，會比不想就直接答應別人要來得好。

29號鬧門的人也要有一種心理建設，就是即便你是出於正確的決定，答應了一件事情，建議你要放下心理的期待，不要期待事情一定會成功，馬上有好結果。也不要遇到挫折後就立刻沮喪、失望，因為29號鬧門如果正確的答應一件事，就會擁有能量去做這件事情，但是有時你無法知道這個承諾會帶你去哪裡、會發生什麼事？可能要走到終點，當你完成一件事情，走完一趟旅程後，才知道你要學習的是什麼、你真正的收穫是什麼。

如果你有太多期待，抱著預設立場，如果事情發展不如預期，就因此失望、挫折，甚至中途放棄，那你就看不到終點的景色，就好像一個登山客，一開始開開心心的往上走，途中開始遇到各式各樣的問題與困難，然後放棄了爬山、開始往回走，他將永遠看不到登到山頂後美麗的風光。

電影《沒問題先生》（*Yes Man*）的劇情，很適合用來解釋29號閘門的學習過程。

卡爾是一個凡事都找藉口，有事找他都拒絕，與前妻離婚後都不參加任何社交活動的上班族，幾乎凡事都說「No」。

直到參加朋友介紹的「Yes講座」，講師跟卡爾訂了個契約，要求卡爾以後對什麼事情都要說「Yes」，不能說「No」，否則會導致不幸，就像是個詛咒一樣。

因為擔心說「No」會導致契約懲罰的卡爾，開始答應一切請求與邀約，從此成為「沒問題先生」，生活開始大為不同，老闆問他可不可以加班，他說Yes，對於電腦跳出的小廣告「需不需要波斯新娘」也按Yes，他還去參加了高空彈跳、學了韓文、練習吉他、學開飛機、幫朋友辦了派對，也因此認識了新的女朋友。

因為卡爾找了波斯新娘、又學韓文、還學開飛機，讓FBI誤以為卡爾是恐怖分子，卡爾解釋他只是在練習講座講師的要求：「對任何事都要說Yes。」但這卻惹怒了女朋友，認為卡爾跟她在一起只是一個練習，根本不是喜歡她，女朋友因而說要跟他分手，卡爾也只能說「Yes」。

跟女朋友分手後痛苦萬分的卡爾，開始想對不想做的事情說「No」，可是每當他說「No」的時候，就會遭遇厄運、就像是契約的懲罰一樣，受不了的卡爾，決定去找當初Yes講座的講師來解除這個說「Yes」的契約，結果講師說，契約都是唬人的，一切都是巧合而已，讓你說「Yes」，是要你發自內心的說，而不是不得不說，最後卡爾找到女友解釋清楚、盡釋前嫌。

所以，對29號閘門的建議：

第一點是，經過人生的學習，要開始知道什麼事情要說「Yes」，什麼事情要說「No」，不要自動化的遇到事情就直接答應跳進去，而是要**透過你的策略跟內在權威，做出正確的決定後才說「Yes」**。

第二點是，在你做出正確的決定，跳入這件事情後，就全力以赴去做，不要中間就急著要有成果，要有毅力走完全程，堅持到最後，當你走到終點後，就會發現在終點等著你的禮物了。

閘門

30

賺錢方式

順從投降

閘門屬性	社會性
所屬通道	30-41
對應閘門	閘門41

30號閘門是「感覺、渴望」的閘門，擁有30號閘門的人，會想要有各式各樣的感覺，一直渴望獲得各種不同的經驗與體驗。

如果30號閘門的人沒有學會「投降與接受」，這種對感覺、體驗、欲望的追求，可能就會變成一種癡迷。

例如，一個30號閘門的人渴望愛情，想要得到戀愛的感覺，於是她跟A交往了、然後戀愛了，對一般人來說，她得到了她想要的，應該是個快樂的結果。

但如果她誤解了30號閘門真正的意思的話，她跟A交往，並不是一個終點，當她跟A交往的時候，她已經得到跟A交往的感覺跟體驗了，然後她又產生了新的「感覺、渴望」，她想著如果跟外國人交往的話，那是什麼樣的感覺呢？因為從來沒有得到過啊。於是她就跟一位美國人B交往了，跟這個美國人交往的時候，她可能又想著，如果跟法國人交往，會是什麼樣的感覺呢？是不是會有浪漫的感覺呢？於是她就跟一個法國人C交往。跟這個法國人交往時，又想著，跟英國人D交往又是什麼樣的感覺？接著是E、F、G……等。

這樣一直下去，她將會陷入無止盡的循環當中，也會變成為了一直追求感覺而追求感覺。

因此，30號閘門的人，必須對「自由」有著不同的看法，有些30號閘門的人很想要擁有自由，他認為的自由，就是我想做什麼就做什麼，但是想做什麼就做什麼，並不是真正的自由，你要投降於現況、接受現況，才能得到真正的自由。

有部電影《打不倒的勇者》（*Invictus*），內容講述一九九五年南非舉行世界盃橄欖球賽期間，當時的南非總統曼德拉，如何與國家橄欖球隊隊長同心協力，聯手凝聚國人的向心力，讓剛擺脫種族隔離制度不久而面臨分裂的南非能夠團結一致。

其中有一段是：當曼德拉當選總統後，所有黑人都覺得他們是這個國家的主人了，因此可以做任何他們想做的事，當時的國家橄欖球隊「跳羚隊」中九成都是白人，所以體育部長就想要把這支球隊廢除，將隊名、隊徽顏色都要依黑人的精神和文化來做改變，但曼德拉堅決反對，他強調我們正在重建國家，但並不是我們想做什麼就做什麼，廢除這支球隊，只會讓白人與黑人之間的仇恨更加惡化，所以他想盡辦法去除黑人對「跳羚隊」是屬於白人球隊的既定印象，因此他要求「跳羚隊」到各地教導黑人小朋友玩橄欖球，更激勵「跳羚隊」，接見白人隊長，要求他打贏當時在南非舉辦的世界杯橄欖球賽，原本大家預期只能進八強的南非橄欖球隊，卻一路過關斬將，最後獲得冠軍，更重要的是，在一路晉級的過程，讓原本分裂、相互敵視的南非黑人、白人，因為共同支持球隊的勝利，慢慢團結起來。

擁有30號開門的人，要學會「投降」、「順從」於現有的條件與資源，從中走出一條屬於自己的路，**當你獲得成功的經驗後，可以把你的經驗化為商品或服務，銷售給別人，這就是30號閘門的賺錢方式。**

閘門

31

賺錢方式

意見領袖

閘門屬性	社會性
所屬通道	7-31
對應閘門	閘門7

31號閘門的賺錢方式是「選擇正確的影響力」。「選擇正確的影響力」，分為兩種，第一種是，你要尋找正確的影響力，意思是你需要正確的被影響，被影響不是被控制、被處理，而是要找到一種行的通的模式可以運用，確保大家都能通往「安全的未來」，「安全的未來」指的是因為這模式現在可以用，明天也可以用，因此我們今天擁有的結果，明天也一樣可以擁有相同的結果。

31號閘門的人要慎選學習的對象、要學習的模式，因為選擇錯誤的模式之後，之後要再修改回來，會花費許多的時間及成本。

如何選擇正確的學習對象呢？一個評估方式就是，你是否可以按部就班，一步一步的學習、成長，達到你想達到的目標？簡單的說，就是你可否透過學習，複製成你想學習的對象？不一定要達到百分之百，但是至少要百分之七十至八十，如果你學習了半天，只能學到百分之二十，那可能這個模式並不適合你。

「選擇正確的影響力」，第二種意思是，找到正確的跟隨者，因為就算一個人的能力再強，能夠做再多的事情，在單打獨鬥的情況下只能發揮百分之百的能力，或許有機會可以發揮到百分之一百二至百分之一百五，但是總是會有極限，總是會遇到天花板。

如果能夠發揮他的影響力，去影響其他十個人，就算這些人只能得到他百分之七十的真傳，十個人加起來就有百分之七百了，遠遠大於一個人能夠發揮的力量。如果能影響一百個人，就能有七十倍的成長與規模了。

重點是這十個人是否能夠正確的被你影響？他們是不是和你有相同的想法？是否認同你的作法？是否能夠把你所想要展現的事物，儘量完整的表達出來？所以你要找到對的人，能夠接受你正確的影響力，才能讓你的影響力發揚光大。

譬如「加盟店」就是這樣的概念，你有一個很好的想法，做了一個很好的生意，開了一家業績很好的公司，然後大家就會想要跟你加盟，透過讓其他人加盟，可以讓你的影響力迅速擴大，你的生意就會快速擴張與普及。

許多加盟店有標準的SOP，你的裝潢、擺設、人員訓練，都是一樣的規模與標準，透過相同的作法訓練出來的加盟店，就跟你原本的服務品質差不多，所以加盟店的成功與否，在於是否能讓加盟店的表現與創始店的表現近乎一樣，這是成功的關鍵，也就是你要選擇正確的人來發揮你的影響力，這樣加盟才能成功。

也有加盟失敗的經驗，譬如，有一個因為原先生意失敗轉而以火鍋店自行創業的老闆，由於他對火鍋有獨特的熱情，為了開火鍋店，他去考察了上百家火鍋店，然後自己研發出獨特的湯頭，加上提供新鮮的食材，價格又親民，每天門庭若市，總是一大堆人在排隊，生意好的不得了。

許多人看這老闆的火鍋店生意這麼好，就跑來跟老闆要求加盟，老闆起先都拒絕，但後來受不了一個好朋友三番兩次的要求，就讓這個好朋友加盟了。

但是他的朋友複製了他的產品，卻沒複製他的服務精神。創始店常常很多人在排隊，老闆對在門口苦苦排隊的人覺得很不好意思，因此提供免費冰淇淋，主動拿出去給客人吃，或者提供小點心，另外，常常對熟客的消費金額去掉尾數打個折，或者提供贈品讓客人帶回家，他所做的一切都是對於客人上門心懷感謝，所做出的回饋。

朋友加盟後，剛開業時生意還不錯，可是一段時間後業績開始下降，朋友擔心虧本，所以原本免費的冰淇淋變成要付錢，對於客人的費用絲毫不會打折，也不會送小禮物，因為朋友認為自己都已經沒賺錢了，如果再多送東西不就更虧本了，老闆一直勸他朋友不要先想著賺錢，而是要做好客戶服務為優先，但這朋友屢勸不聽，反倒責怪一定是老闆有祕方沒有告訴他，他才賺不到錢，兩個人的關係也因此崩壞。

從此這個老闆心灰意冷，再也不接受其他人的加盟了。

31號閘門的重點是，為了**發揮你的影響力，必須要慎選跟隨你的人，儘量確保對方能夠按照你的方式，跟你一樣能夠做出對的事情，讓你的產品、服務得到倍數的成長，這就是31號閘門的賺錢方式。**

閘門

32

賺錢方式

應變能力

閘門屬性	家族性
所屬通道	32-54
對應閘門	閘門54

32號閘門是「持續、延續」的閘門，時代會進步，很多事情無法由個人意志決定，不是一個人說想要維持現狀就能維持現狀的，所以，若要能讓你所做的工作、產品、服務能夠持續下去，要能長長久久的延續下去，就要接受「唯一不變的就是變」。

這是32號閘門的思維方式，而32號閘門也是恐懼失敗的閘門，因為恐懼失敗，所以一直思考如何能夠不失敗。

32號閘門的人知道什麼事情會改變，什麼事情應該被改變，但什麼事情又不應該被改變。

32號閘門的人有兩種狀態，正面的狀態以及負面的狀態，負面的狀態是因為擔心失敗、優柔寡斷，不斷的想想想，一直在想如何能夠不失敗，如何避免失敗，完全出於恐懼失敗來考量，但是卻一直不採取行動，甚至錯失良機，常常想想想，到最後就什麼都沒有了。

32號鬧門的人正面的狀態，則是知道環境一直在變化，但是他知道自己是擁有隨機應變的能力，所以他會勇於行動，不斷的修正、改變，因應環境變化，讓自己能適應環境，維持生存，一直持續下去。

暢銷書《誰搬走了我的乳酪》（*Who Moved My Cheese?*），是史上最暢銷的經典寓言書，翻譯成三十七種語言，在全球熱賣超過兩千六百萬冊。

書的內容是有兩隻小老鼠跟兩個小小人，在一個迷宮裡，本來每天都可以在一個固定的地方找到乳酪，大吃一頓，但有一天，乳酪突然不見了。

小老鼠很快接受了事實，開始去尋找新的乳酪在哪裡，但兩個小小人拒絕接受這個事實，大聲抱怨，待在原地，不知所措。

最後，一個小小人接受了事實，開始出發尋找新的乳酪，最後找到了乳酪，也找到了那兩隻小老鼠，但另一個小小人則繼續抱怨，不想改變，每天都在期待搬走乳酪的人，有一天能再把乳酪還給他們。

這個寓言的故事就是在講「變」、「改變」與「不變」，透過簡單的小故事，讓人理解不同的處理方式，所產生不同的結果。

下面是這本書其中的一些金句：

「我們不願意改變的原因，是我們害怕改變。」

「有時候，事情就是會改變，而且再也變不回原來的樣子……這就是人生。」

「當你改變想法時，你的行為也會跟著改變。」

「及早注意事情的小變化，就能幫助提早適應即將到來的大變化。」

所以，32號閘門的賺錢方式，是一種心態，擁有32號閘門的可以告訴自己，這個世界一直在變化，沒有什麼事情是不變的，但是32號閘門擁有應變的能力，可以一直調整，一直轉變，透過應變的能力，讓自己的工作、產品、服務一直延續下去。另外，也可以**透過自己的產品、服務，來協助別人轉變，應付外在世界的變化，這就是32號閘門的賺錢方式**。

閘門

33

賺錢方式

反省沉思

閘門屬性	社會性
所屬通道	13-33
對應閘門	閘門13

33號閘門是「退隱、隱私」的閘門，是「記憶」的閘門，當一件事情發生後或一個事件結束後，擁有33號閘門的人需要退隱，保有隱私，所以他要找個地方讓他能夠獨處，因為獨處才能不被打擾，才能有機會回想在這事件中所發生的每一件事情，然後開始反思、反省這個過程，透過反思與反省，看看自己在這過程中經歷了什麼？分析所有的事情，什麼地方做對了？什麼地方做錯了？透過反思，找出自己錯誤的地方，總結這些錯誤，找出改正的方法，可以用於下一次的事件，如此一來，這次所發生的事情將變成一次學習的過程，讓自己變得更進步、更強大。

曾子曰：「吾日三省吾身：為人謀而不忠乎？與朋友交而不信乎？傳不習乎？」

翻成白話文就是：「我每天都用三件事來反省自己：替人謀事有沒有不盡心盡力？與朋友交往是不是有不誠信的地方？老師傳授的知識有沒有複習？」

為什麼曾子要說這句話呢？

因為曾子是孔子的學生，深得孔子的喜愛，而且學問進步的非常快，同學們問曾子為什麼可以進步那麼快？曾子就回答了「吾日三省吾身」這句話。

這句話也說明了，反省是進步的基礎。

一般人通常在一件事情結束時，尤其是遭遇不順利、失敗的事件時，當下心裡想的大多是想要忘記過去發生的事情，想要趕快開始一個新事件，希望下一件事情會更好，而不會去仔細反思在這個事件中，究竟發生了什麼事情，為什麼會失敗，如此一來，上次所發生的錯誤很可能將會重來一次，周而復始，不斷循環。這樣的話並不會真正的學習到經驗，只是不斷的在收集錯誤的經驗而已。

舉例來說，對很多股票投資人來說，當他賣掉手上一張賠錢的股票之後，大部分的人會做的下一件事情，就是趕快買一張新的股票，內心希望這張新買的股票可以馬上上漲，讓他賺到錢，彌補之前的虧損。因為他不想面對失敗，想要忘掉這件事，想要假裝這件事情根本沒有發生過。

如果買了一張股票賠錢賣掉了，卻沒有好好的去思考為什麼會賠錢？到底中間犯了什麼錯？為什麼當初會買這檔股票？預期的走勢是如何？有沒有訂定策略？當不如預期因而下跌時，有沒有設定適當的停損機制？有在預計的停損點賣出嗎？

如果沒有好好的思考這件事情，沒有釐清這次的失敗是如何產生的，就盲目趕快買下一張股票，那麼下一張股票的結果大概也不會太好。

有一個財經專家曾經對股票族提出這樣的建議：「每當你買、賣一張股票後，你就立刻把買、賣這張股票的原因寫下來，如果賺錢了，寫下你成功的原因，就算賠錢的話，也寫下失敗的原因。如果你能做到記下你每一次所犯下的錯——在以後的日子裡再也不犯同樣的錯誤，日積月累下來，你一定可以從股票市場中賺到錢。」

為什麼「反思」這麼重要呢？因為人的學習是從沒有經驗到有經驗的過程，但並不是你做了一件事情就會學到經驗，就像以前的數學考卷，你寫錯了一個題目，你馬上再寫一次還是會錯，除非你反思後，學會正確的解法，並把正確的解法「記憶」下來，你才能寫對，才能真正從沒有經驗變成有經驗。

同樣的道理，對一個擁有33號閘門的人，在每次事件結束後，如果**能夠獨處、反思，找出錯誤，並記憶下來，下次便不會再犯同樣的錯誤**，如此一來，一定可以讓你累積經驗，逐漸變強，這**就是33號閘門的賺錢方式**。

譬如上銀科技總經理蔡惠卿，規定自己每天至少騰出五分鐘時間來「自我反思」。她會回溯一遍當天發生的事情，檢視自己對每件事情的處理夠不夠到位。

「今天那件事的應對方式處理得好不好？」「那個主意好不好？」

透過每一次的反思，找出需要改進的地方，讓下一次更進步。

這個習慣，她持續了將近四十年。

閘門

34

賺錢方式

強大力量

閘門屬性	個體性
所屬通道	10-34
對應閘門	閘門10

34號閘門是「強大的能量、力量」，它可以分成兩方面來解釋，第一個是身體的力量，有34號閘門的人可能擁有一個很有力量的身體，充滿爆發力，因此34號閘門的人可以當運動員，譬如舉重選手、健美先生／小姐、籃球選手、足球選手……等。因此，你可以發揮身體的力量，在運動方面有良好的表現。

有34號閘門的人，也可以當運動教練、健身教練，**靠你對力量的使用經驗與技術，提供別人協助與指導，這也是34號閘門賺錢的方式**。

除了身體的力量之外，還有一種「力量」是精神的力量、心靈的力量，這裡指的力量，不是真正的力量，是比較抽象的力量，因此，比較像是一種態度、一種精神，這種力量，是面對難關、克服挑戰的力量。有34號閘門的人，在面臨困難時，自然的會去面對它、挑戰它，尋求突破點去克服它，就好像爬山一樣，不管這山多高、多難爬，他都深信自己一定能爬過山巔，穿越過去。

這種力量是一種相對的概念，就是如果34號閘門的人身處在一個平順的環境，不管是工作、生活，任何事情都能輕鬆完成，沒有遇到任何困難與挑戰，沒有可以展現力量的機會，他就不會覺得自己很有力量，旁邊的人也感受不到34號閘門的力量。

所以，擁有34號閘門的人，常常在人生中會面臨很多危機、困難與挑戰，但是透過這些困難，反而可以讓34號閘門的人，藉此展現他的力量，克服困難。

譬如前英國首相柴契爾夫人，在擔任英國首相時，英國正經歷經濟蕭條、失業率攀高等嚴重問題，即便面對嚴重的經濟危機，但她始終展現過人的剛毅，抱持著勇往直前、永不妥協的態度，來面對人民的抱怨、各界的批評，創造了英國在二次大戰之後經濟繁榮最快的時段。

面對外國事務，即便面對各種困難，柴契爾夫人更是展現了強大的力量，譬如一九八二年，阿根廷政府為了轉移民眾對國內經濟情勢的不安和社會激烈的衝突，想透過戰爭的勝利來找回政府的聲望，因此發動了福克蘭群島戰爭。

對於阿根廷侵犯英國領土的行為，英國內部有人要求出戰，有人反對出戰，國內各方的態度不一，非常混亂，作為盟友的美國也積極勸說英國議和，當阿根廷登陸福克蘭島第三天，全世界都以為英國不會出兵的時候，柴契爾夫人派遣海軍特遣艦隊出兵了。

在福克蘭群島戰爭期間，由於英軍戰艦遭阿軍發射法製飛魚反艦飛彈擊沉，引起柴契爾夫人極度不悅，遂打電話給當時的法國總統密特朗興師問罪，脅迫法方交出飛魚飛彈的參數；起先密特朗守口如瓶，但柴契爾最後對密特朗放話，她會為了福克蘭群島主權，不惜動用核武器攻擊阿根廷，並終結英法關係，迫使密特朗就範。

歷經兩個多月，英國戰勝了阿根廷，也因為這場戰役，這種強硬不妥協的態度，讓她獲得了「鐵娘子」的稱號。

如果你有34號閘門，不管你在工作上、生活中遇到任何挑戰、困難，你要相信自己，只要你做出正確的決定，靠著34號閘門強大的力量，將可以使你克服一切的困難。

閘門

35

賺錢方式

挑起期待

閘門屬性	社會性
所屬通道	35-36
對應閘門	閘門36

35號閘門，是「期待」的閘門，銷售大家「滿足期望」的需求，35號閘門的人渴望新的經驗，總想去經歷過去沒有經歷過的事情，想要不斷的收集新的經驗，這將讓35號閘門有不斷改變及前進的感覺。

如何銷售「期待」呢？就是不定期丟出一些新的資訊，吸引大家的注意力，不斷的吊人胃口，讓你持續對它有期待，譬如iPhone手機，以前在iPhone新一代手機上市之前，總是會有類似這樣的消息出現：「蘋果公司的某工程師不小心遺失他的背包，裡面有最新一代的iPhone手機，上面有什麼樣的新功能……」等。或是某電信公司工程師在簡報時，不小心洩漏了可能是iPhone新機的上市時間……等。

這些事件有可能真的是意外事件，也有可能是一種行銷手法，透過這些偶發的事情，讓社會大眾對iPhone的新產品有了期待，有了預估的時間，消費者們便可以事先準備、開始研究、開始存錢，等新產品上市時便可以列入他的購買計畫。所以各家廠商都會透過行銷手法，事先埋下一些種子在消費者心中，慢慢澆水灌溉，時機成熟時，消費者自然就會掏出錢來買廠商所提供的新產品。

因此這些廠商就要不時的丟出一些訊息，讓消費者隨時充滿著「期待」。

另外，有一種生意模式也是運用「期待」，曾經有一個電視節目介紹了「幽靈餐車」，它是在台中地區一台專賣花生糯米腸的餐車，由於是餐車，因此沒有固定的銷售地點，而且老闆都是在每天出門前最後一刻，才在臉書公布販售地點，就像「幽靈」一樣，不定時、不定點出現，所以才叫做「幽靈餐車」。

一開始其實只是一般的餐車，但因為食物好吃，漸漸的開始口耳相傳，越來越多人知道，可是因為餐車並沒有固定的出現地點，所以有時當消費者看到這餐車出現的地方離自己所在地滿近的時候，就會抱著嘗鮮的心態去試試看，結果一到餐車所在地，已經大排長龍，都要等一兩個小時才買得到，而且每人還限買三份，買到之後，他再把這樣的消費經驗分享給其他人，就會引發其他人的「期待」，也想要去試試看。

這樣「限時間、限地點、還限量」的消息，透過網路慢慢傳出去，名氣越來越大，讓其他沒吃過的人產生了期待，更是想要去吃吃看，餐車生意就越來越好。

現在「幽靈餐車」已經變成一個普遍的名詞，許多城市開始有類似的商品，它底層銷售的就是一種未知、一種期待，當然本身的產品一定不錯，才能吸引人去買，更重要的是，因為這是一種沒有經歷過的期待，讓沒有體驗過這種經驗的人，更是想盡辦法要去獲得這種體驗。

擁有35號鬧門的你，可以開始思考，你有什麼產品或服務是別人想要獲得的，尤其是一種大家都還沒經歷過的事情，沒吃過的東西、沒去過的地方、沒用過的產品、沒聽過的知識，若是你能夠**成功結合你的產品特色，結合你的服務，讓大家會「期待」想獲得這種體驗，那麼你就成功了。**

閘門

36

賺錢方式

危機處理

閘門屬性	社會性
所屬通道	35-36
對應閘門	閘門35

36號閘門，是一個「危機」的閘門，為什麼它是一個危機的閘門呢？因為它是一個「無經驗」或「缺乏經驗」的閘門，但是它想要獲得經驗，所以在從無經驗到獲得經驗的過程，就會遇到各式各樣、大大小小危機。

有些36號閘門的人，在他們的人生中，常常會經歷各式各樣的危機，而且很多是一般人都不會經歷過的，因為36號閘門渴求經驗，一直想去體驗不一樣的體驗，已經做過的事情就不會想再去做，每次都想得到不一樣的體驗。

一般人因為在固定的工作、固定的生活、固定的環境下，能獲得的體驗，通常都是在一個固定的範圍內、一定的限度之內，所以為了獲得不一樣的體驗，就有可能去做一些以前都沒做過的事情，因為從來沒做過，雖然會有成功的機會，但是失敗的機會可能更大，所以就容易造成危機。

有些36號閘門的人，覺得他的人生中沒有發生過什麼危機，這樣的人有兩種情況，一種是生活平順，家庭也照顧的很好，從小平平順順長大，也很少嘗試新的東西，因此，他的人生真的很少發生危機。

還有另一種人，覺得那些事情根本就不能算是危機，譬如打球跌倒導致骨折，他會覺得這不是很正常的事情嗎？運動本來就會受傷啊。

因為這些人對於這些意外，視為理所當然，也不會覺得過去的人生常常發生危機。

36號閘門的人很容易遇到危機，因為「**危機就是轉機**」這句話，**就是36號閘門的人的賺錢方式**，就像景氣循環一樣，景氣循環過程可以分為成長、繁榮、衰退、振興四個階段。所以如果當景氣到達衰退的谷底時，就是即將振興的開始。

在政黨與政治人物的發展中，也有許多危機與轉機的例子，出生於政治世家的日本首相安倍晉三，在二〇〇六年九月時，成為日本二戰後最年輕的首相，但是在任內爭議不斷，多名內閣閣員因醜聞及失言下台，一年後安倍以健康理由辭去首相。國民認為他只是一個嬌生慣養的少爺政治家，無法承受首相的重責大任、無法承受壓力，所以放棄執政，甚至有民眾在路上遇到安倍晉三便直接辱罵他。

安倍的失敗有很多原因，其中一個是用人問題，雖然他想要改革官僚體系，但是他找的人被戲稱是好朋友內閣，安倍以為只要找一群想法一致的人，靠理念就能突破，但卻受到媒體及政界的激烈抵抗。

另外一點是他的表達方式，由於他習慣仔細的回答問題，因此遇到媒體突然問他一些政策的問題時，常常因為無法完整表達，以致被斷章取義造成誤解。

辭去首相後，安倍經過五年的沉潛，積極與專家學者討論，加強對政策的理解，然後大量接受媒體的長時間訪問，讓他有時間可以好好說清楚各項政策。

等到再次擔任首相，組閣時他巧妙啟用保守派人士，而不用激進人士，表示未來的改革是採取保守、穩健的漸進主義，因而獲得民眾的信賴與支持。

安倍更推出被稱為「安倍三箭」的經濟改革政策，結果造成日本股市的日經平均指數創下泡沫經濟以來的新高，一些大企業如豐田汽車、SONY等大公司紛紛創下歷史新高的營收。

安倍晉三可以重新獲得這樣的好成績，來自他曾經經歷過的危機。會發生危機，就是代表有些事情沒有做對，因而出錯，當他從這些錯誤的經驗學習，找出正確的方法，自然就可以把事情做對，創造成功了。

如果你有36號閘門，可以思考在你過去的人生，姑且稱之為「危機」的事件，這些危機當時你是如何度過？你是否從中學到教訓與經驗？當你可以把這些「經驗」找到某個商品或是服務的方式，用來協助正在經歷跟你相同的危機，或是可能會遇到類似危機的人，他們就會願意花錢來買你的經驗。

閘門

37

賺錢方式

維持秩序

閘門屬性	家族性
所屬通道	37-40
對應閘門	閘門40

37號閘門，是一個「嘴巴」的閘門，因此37號閘門**可以銷售的事物**就是：「**餵飽大家的肚子**」。最簡單的方式就是開餐廳，餵飽大家的肚子，有37號閘門的人都會希望讓別人吃飽、吃好，所以開一間餐廳，提供大家喜歡的食物，歡迎大家來到你的餐廳，讓你把他們的肚子餵飽，便是37號閘門的賺錢方式之一。

另外，你可能不是開餐廳，但是一樣可以把「餵飽肚子」放進你的工作，會讓你的工作變得更順利，譬如有人說他的工作是負責在辦公關行銷活動，他發現，當他的活動中如果有提供食物、餐點，通常那次的活動就會很成功。

還有從事業務工作的人，常常要去拜訪客戶，他也覺得，如果帶食物去給客戶，通常氣氛就會很好，成交率也高，而且並不一定需要高級或昂貴的食物，可能只是個小點心，甚至一杯飲料，都可以拉近與客戶的關係，所以，在工作中適當的提供食物，餵飽大家的肚子，便是37號閘門的人可以思考的賺錢方式。

另外，37號閘門也可以銷售「巡查」，巡查也就是「維持秩序」的意思，一個團隊要能成功的運作，需要穩定的維持秩序，但在團隊中總是會有人試圖想要打破規則，因此就必須要有「巡查」的功能，像警察不斷的在巡邏，才能維護良好的治安，因此，37號閘門的**另一個賺錢的方式就是，找到一個商品或服務，提供給別人做好「巡查、監督」的工作**。

譬如某些公司，對於員工服務每一位客戶的時間是有規定的，如果一個員工服務客戶的時間太長，主管就會開始注意，看是客戶的問題很複雜，需要很長的時間來處理，還是這個員工能力不足，處理事情沒有效率。

也有公司會找專人在旁邊計時，統計辦理一項業務需要多少時間，實際操作、實際計算時間，統計分析之後，訂下一個標準，變成衡量員工表現的依據，所有員工處理這項業務，都需要在規定的時間內完成。

記錄員工打卡是最基本的監督了，由於科技的發達，現在還有提供視訊的監督，透過即時視訊，可以知道員工的工作是否正常。

「巡查、監督」這個概念，也可以用在公司業績管理上面，對於以銷售業績為主的公司，業績的計算都是以季為單位，計算一季的業績成績或是業績達成率來計算獎金。

在一季結束後，公司要計算獎金時，如果達成業績，當然大家都很開心。但是，若沒有達成業績，就要開檢討大會了。可是沒有達成業績已經是事實，就算檢討出問題，也是未來才能改進，過去發生的事情已經無法改變了。

有的公司就會改開月會，每個月檢討進度，甚至每星期開會，在事情不如預期時就可修正。但我們有時會把業績報告稱作「落後指標」，因為事情已經發生了，就算是檢討，對於已經發生的事情，也無法改變了。

有些公司會調整「巡查、監督」的方式，改成看「前進指標」，譬如一個公司的銷售流程是拜訪五個客戶，會有一個客戶有興趣，五個有興趣的客戶，會有一個人購買。也就是拜訪二十五個客戶後，會有五個客戶有興趣，然後有一個客戶會購買。

如果一個銷售人員的業績，是要一個月有三個客戶購買的業績。當時間到月底時，看銷售報告上有沒有三個客戶，有沒有達到預期的目標，這種業績報告，是「落後指標」。

「前進指標」的意思，是如果要有三個客戶購買，就需要十五個客戶有興趣，然後需要拜訪七十五個客戶，因此要「巡查、監督」這個銷售人員的「前進指標」，就是他這個月能不能做到拜訪七十五個客戶，也就是一週就要拜訪十九個客戶，如果他第一個星期拜訪不到十九個客戶，就要馬上介入、探討原因，從前頭就開始監督，而不是事後再看沒達成的業績來檢討。

這就是利用「巡查、監督」來賺錢的方式，有人甚至設計了這樣的軟體或App，提供給公司運用，這也是另一種利用「監督、巡查」的賺錢方式。

閘門

38

賺錢方式

號召凝聚

閘門屬性	個體性
所屬通道	28-38
對應閘門	閘門28

38號閘門是「鬥士」的閘門，也是「對抗」的閘門，因此他不斷的在奮鬥，但是一個人奮鬥，不如一群人一起奮鬥，因為一群人在一起奮鬥，可以產生更大的力量。因此38號閘門的人，可以號召大家跟你一起奮鬥，向你所追求的目標前進。

所以38號閘門賺錢的方式便是，號召大家跟你一起奮鬥，譬如團購、代購、粉絲經濟。「因為我喜歡，而你也喜歡，那我們就一起買，因為我們人多，就可以打折，你有好處，我也有好處。」

二〇〇五年部落格開始流行時，陳延昶開始寫部落格，他會分享一些購買商品的使用心得，而且常常買不同品牌的產品來實測分析，找出他覺得最實用、CP值最高的產品分享在部落格上。

二〇〇六年他分享了一篇有關掃地機器人的文章，描述了當他使用掃地機器人之後，根本就不用再費力氣打掃，只要偶爾清一清集塵袋，就可以讓地板變得乾乾淨淨，這真是一件太棒的事情了。許多家庭主婦、婆婆媽媽看了他的文章後，就來拜託他，請他幫她們買掃地機器人，第一次開團，團購數量就達到一百六十台，因此他可以跟業者要到正常商品的七折價格，他也可以因此拿到佣金。

因為他自己喜歡這個產品，別人也喜歡這個產品，那就結合大家一起買，由於團結力量大，當累積了一定數量，就可以跟廠商議價，以比市場上低的價格買到大家喜歡的產品，別人開心，他也得到佣金，何樂而不為？因此開始他團購的生涯。

八年的時間，他賣出了六萬五千台掃地機器人，金額達十一億台幣，幾乎是台灣每三台掃地機器人，就有一台是他賣出去的。然後他開始從事團購的生意，二〇一〇年成立486團購網，二〇一六年業績達到十億。

另外，最近流行的「粉絲經濟」，也是38號閘門的運用，由於我喜歡這個明星、偶像、名人，你也喜歡他，那麼我們一起來買他的演唱會門票、音樂、電視劇DVD，或者我們一起去買他代言的手機、電腦、產品，我們一起成立歌友會、粉絲團，其他人繳一些會費，我們來辦活動，來跟偶像見面，一起來追星。

我們也可以因為喜歡某種產品，一起為此奮鬥，例如小米手機，邀請小米手機粉絲（米粉）來參與手機研發，一開始在各社區論壇找了一百人，幫忙測試、提出建議和意見，協助產品的研發，激發使用者的存在感和參與感。

他們建立了小米手機論壇，成為數百萬米粉的大本營，他們提出的口號：「因為米粉，所以小米。」展現了小米公司對米粉的重視，也因此拉攏了一群死忠的「米粉」，創造了亮麗的銷售成績。

所以號召其他人來一起為某項產品、服務奮鬥，就是38號閘門的賺錢方式。

閘門
39
賺錢方式

引發情緒

閘門屬性	個體性
所屬通道	39-55
對應閘門	閘門55

39號閘門，是一個「挑釁」的閘門，有39號閘門的人很容易激怒別人，讓別人惱怒，但我們也可以說39號閘門是一個「引發」的閘門，你可以引發別人不好的情緒，也可以引發別人好的情緒。

39號閘門的人，有能力引發別人的情緒，因此39號閘門可以將他熱愛的事情、產品或服務，引發別人同樣對這件事情的熱愛，這就是39號閘門賺錢的方式。

有時，要引發別人同樣熱愛你所熱愛的東西並不容易，因此，有些方法來協助，就是「吸引別人的技巧」，常見的就是電影的預告片，通常一部電影的預告片，就是電影中最精彩的一部分，片商透過精彩的預告片，吸引你走進戲院買票購買，讓你進而熱愛這部電影，他們也因此賺到你的錢。

另外，「免費試用」也是一個方式，譬如很多汽車廠商提供的免費試車，一輛新車，外觀再好看，功能再創新，內裝再豪華，但始終是在你腦海裡的想像，如果能讓你實際坐上這輛車，駕駛它，體驗它、享受實際在路上駕馭它的感覺，你可能會因而愛上它，進而購買這台車，這也是引發別人熱愛的方式。

另外，「巨大機械」、「捷安特」、「微笑單車」公司的創辦人及榮譽董事長劉金標先生，熱愛騎自行車，因而積極推廣台灣的自行車運動，當起「自行車傳教士」。七十三歲時以十五天時間完成自行車環台的壯舉，八十歲時再度環台，並比第一次少三天完成。

劉金標先生的名言：「開車太快，走路太慢，騎車的速度剛剛好，才能真正體驗這個島嶼的美麗，並留下一生難忘的冒險體驗。」這句話表達出他對於騎自行車的熱愛，且他對騎自行車的熱愛，也透過他一次又一次的騎自行車環島挑戰自己，逐漸點燃公司內許多同仁對騎自行車的熱情，他們會覺得，劉金標先生以七十三歲的年紀都可以環島，那我為什麼不行？

這股熱潮，引發了員工在二〇〇九年舉辦了Ride Like King活動，這活動到二〇二〇年已經辦到第十二屆了。

什麼是「Ride Like King」？就是要像巨大創辦人劉金標先生一樣騎自行車。這個活動的精神如同劉金標先生提到的：「一般人開車旅行，速度快，窗戶關閉，但是騎自行車，車友們會互相問候，建立人際關係，並逐漸塑造一個更加祥和的社會。」

日本愛媛縣知事中村時廣，在二〇一二年時拜訪劉金標，原本中村時廣的運動是跑馬拉松，但在劉金標的鼓舞下，也迷上騎自行車，因而從二〇一四年開始推動「島波海道國際自行車大賽」，到二〇一八年已經有七千兩百人參賽，從海外去參加的人數多達八百人，吸引遊客入住飯店，參觀當地的名勝景點，為當地帶來了可觀的旅遊經濟效益。

如果你有39號閘門，想想你過去熱愛過什麼、現在熱愛什麼產品或服務，**找出方法來吸引別人跟你一樣熱愛你所熱愛的東西，便是你的賺錢方式。**

閘門

40

賺錢方式

工作回報

閘門屬性	家族性
所屬通道	37-40
對應閘門	閘門37

40號閘門是一個相當複雜的閘門，它有一些獨特的原則，它的賺錢方式比較像是一種心態，當40號閘門的人擁有正確的心態，正確的作法，自然可以賺到正確的錢。

因為40號閘門位在意志力中心，這世界有百分之六十五的人，意志力中心是空白的，而空白意志力中心的人的「非自己」策略，是「想要證明自己的價值」。因此，空白意志力中心的人，在他不建康的狀態下（這裡說的不建康狀態，不是指身體的不建康，而是「設計」的不建康，也就是沒有「活出自己的設計」的情況下），可能會有下列的行為：

- 即使不喜歡他的工作，仍然會繼續做這份工作，因為他要證明自己是有價值的。
- 老闆叫他加班時，他雖然心裡不想加班，但仍會留下來加班，因為他要證明自己的價值。

40號閘門與生俱來的才能，是「工作之愛」，透過40號閘門愛他的工作，在工作上展現出來的優異表現、透過出色的工作，讓周圍的人可以欣賞40號閘門，因此40號閘門的人，可以讓周圍的人知道，我們可以透過做好我們的工作來證明我們自己，而不必以委屈、受苦的方式來證明自己。

40號閘門也是「遞送」的閘門，作為一個遞送的人，等同於一個養家餬口的人，因為你會把東西帶回家，這樣大家就會有東西吃。因此40號閘門努力工作的目的，是為了賺錢（帶回食物），讓他的家人可以獲得足夠的食物，穩定的生活，因此他會努力付出，透過自己的努力工作，來照顧家人或是他的社群。

40號閘門是一個「否認」的閘門，因為40號閘門願意為家人、社群工作，但是需要得到認可、需要得到獎勵、要有回報，如果沒有得到認可，40號閘門就是「否認」的閘門，就不想要再做出貢獻了。

40號閘門要的「認可」，可能是薪水的報酬，可能是別人的感謝，別人的肯定，甚至是家人的笑容，當40號閘門得到想要的認可後，便可以繼續投入工作。

40號閘門也是「胃」的閘門，胃需要填滿食物，所以40號閘門需要努力工作來獲得食物，但是，胃填滿食物後，就需要休息，因為胃不可能無止盡的一直填滿食物，因此，每當胃工作一段時間之後就需要休息，當休息一段時間之後，胃才能再度工作。所以對40號閘門的人來說，他工作一段時間之後，就需要休息，當休息夠了之後（就像胃消化完食物之後），才能夠繼續工作，所以有一個說法是，因為40號閘門帶來的影響，所以我們現在每個星期才會有週休日。

對40號閘門的人來說，他要**愛他的工作，然後透過工作能夠讓他把資源（食物、錢）帶回到家裡照顧家人，且要能因為工作得到報酬**（不管是有形的、無形的報酬），**最後是工作之後要有休息的時間**，當能做到這些事情，對40號閘門來說就是建康的狀態，**就會建康的賺到錢**。

閘門 41 賺錢方式

實踐夢想

閘門屬性	社會性
所屬通道	30-41
對應閘門	閘門30

擁有41號閘門的人，可能會有很多的夢想、幻想或是白日夢，因為你想要擁有各式各樣不同的經驗與體驗，所以你會有很多的夢想。

有很多的41號閘門的人會說：「我覺得我的夢想好多，可是力量好小，沒有辦法做那麼多事情，感覺很挫折。」

因此對41號閘門的人有一個建議：「夢想一次一個，完成後再做下一個。」這樣才會有效率。

迪士尼樂園是「夢想與魔法的王國」，迪士尼樂園銷售的就是夢想，白天的樂園讓你看到原本只是在電視或電影中出現的人物、玩偶，你可以接觸他們，讓你夢想成真。

晚上的星光煙火秀，所有遊樂設施跟大型標誌都會亮燈，像是星光般充滿希望的耀眼，配合煙火、音樂，讓你體會夢想成真的感動。

迪士尼在銷售他們的商品時，也同時銷售夢想給你，因為園區中充滿著歡樂的氣氛，外加賦予夢想會成真的希望，父母買玩具給小孩時，同時感受到開心，把這紀念品帶回家時，同時也把歡樂帶回家，這種歡樂的記憶是歷久彌新，讓你看到時都想要再重溫一次這個夢想。

擁有41號閘門的你，你有什麼夢想呢？你達到你的夢想了嗎？不管你已經完成了你的夢想，或是還沒達到你的夢想，這些夢想都是你賺錢的方式。

如果你已經達到你的夢想，譬如你的夢想是開一間咖啡廳，回想過去，你是如何達成你的夢想的？你做了哪些事？上了哪些課？學習了什麼經驗？你把這些經驗整合一下，變成一個商品或是一個服務，商品的意思是你可以開放加盟店，對於想要加盟的人，你就把你咖啡廳的裝潢、擺設、咖啡產品、定價……整套提供給對方，對方就可以馬上經營一家咖啡廳，讓他實現開咖啡廳的夢想。而服務的意思則是你可以當顧問，對於有夢想要開咖啡廳的人提供諮詢的服務，或是提供課程，但還是由對方自行建立他的咖啡廳的所有一切，你只是協助他完成他的夢想而已。

如果你還沒達到你的夢想，或者現在的工作跟你的夢想一點關係都沒有，那你也可以思考要不要開始尋找跟你夢想有關的工作。因為夢想不分大小，不一定要環遊世界才是夢想，可能開一家自己的小店、爬一座山、學會泡咖啡，都可以是一個人的夢想，如果沒辦法一步到位達到夢想，也可以做些接近夢想的事情或工作。

譬如環遊世界這個夢想，你可能現在還沒有足夠的錢跟時間可以去執行，但換個角度想，你也可以考慮去當國外旅行團的導遊，帶團出國也可以算是你環遊世界的第一步，然後第二個國家、第三個……一步一步實現你環遊世界的夢想。

如果對於「銷售夢想」、「用夢想來賺錢」還是覺得很抽象，那麼你可以回想小時候，有沒有夢想得到什麼玩具？可能是一台玩具車、一個洋娃娃還是一組樂高積木？當時的你有多想要那個夢想的玩具？

如果你後來如願以償拿到夢想的玩具，當時狂喜的心情到現在還深深的印在你的腦海裡，那麼，至少你可以開一間玩具店，賣你喜歡的玩具，因為當時你喜歡的玩具，現在的小孩可能也會喜歡，你可以讓這些小孩滿足他們的夢想，你只要跟小孩的父母講，你當時拿到這玩具時是如何的快樂與欣喜，只要你是打從心底，真心的分享你的經驗，對於想讓自己小孩也獲得相同快樂的父母，就會掏錢出來買這項玩具，這就是41號閘門的賺錢方式。

閘門

42

賺錢方式

多方嘗試

閘門屬性	社會性
所屬通道	42-53
對應閘門	閘門53

人類圖中，對於才能的學習有兩種方式，一種是針對一項才能，反覆不斷的練習，精益求精，最後成為這項才能的達人或大師。另外一種則是接觸各種不同的才能，學習多方面的各種才能，因為擁有多項才能，所以我們稱之為「萬事通」。

42號閘門，是屬於追求「萬事通」這一類型，因為42號閘門是「增加」的閘門、「成長」的閘門，42號閘門追求的是在各種生命經驗的成長，對42號閘門而言，資源的擴展將可最大程度的發揮你的潛能，因此可以透過多方嘗試，來開發出你的各項潛能。

以打籃球來比喻，當你有一個小時的時間（資源），你可以用來練習進攻得分，得分的方式大概分成切入上籃、中距離跳投、三分球還有罰球，所以你可以把這一個小時用來練習切入上籃得分，當你又有另一個小時的時間，你可以繼續練習切入上籃得分，你可以只要專精在切入上籃得分就好了，譬如NBA中被認為是史上最偉大的長人中鋒之一——「俠客」歐尼爾（Shaquille O'Neal），在禁區的進攻主宰能力特強，但是他最明顯的弱點就是罰球，他的生涯罰球命中率只有五二．七％，遠遠低於其他球員，但他只要靠超強的禁區進攻能力就好了。他是屬於專精在一項技能的球員。

多方嘗試的情況則是在你練習完切入上籃一個小時，當你又有另一個小時的時間，你也可以選擇練習其他的技能，就像NBA另一位巨星「小皇帝」詹姆士（LeBron James），他可以切入上籃得分，中距離跳投也很厲害，更曾經在三分鐘內投進五顆三分球，他就屬於全能型球員，所以這種多方嘗試是在同一個領域中開發各種不同的潛能。

另外一種多方嘗試的情況是，當你做了一件事情後，如果這件事行不通，那你就可以去做另外一件不一樣的事情，如果又行不通，就再試另外一件事情，透過不斷的嘗試、不斷的試驗、去測試、鍛鍊你的才能，直到創造出好結果，這是在不同領域的多方嘗試。

舉例來說，威廉．愛德華．瓦格納（William Edward Wagner），小時候是右撇子，七歲時玩美式足球造成了右手骨折，打上石膏一段時間復原後，又摔斷了手臂，在這段時間，瓦格納開始使用左手投擲棒球，長大之後成為一位棒球左投投手，在美國職棒大聯盟中打了十六個賽季，先後效力於美國職棒休士頓太空人隊、費城費城人隊、紐約大都會隊、波士頓紅襪隊、亞特蘭大勇士隊，入選七次美國職棒明星賽，並成為左手救援投手中，史上第二高救援成功次數的投手。

如果瓦格納繼續用右手打美式足球，或許會成功，或許不會成功，但這邊強調的是，即使你右手受傷，你還有左手，你可以改使用左手，透過新的嘗試，有可能讓你發揮出更好的才能，獲得更大的成就。因此，如果42號鬧門的人，現在走的這條路走不通，可以換另外一條路，或許會看到不同的風景。

美國知名脫口秀主持人歐普拉說過：「每個人一生當中會受傷很多次，你會犯錯，有些人會稱之為失敗，但我發現失敗其實是上帝的話語，他是說：抱歉，你走的方向錯了。」所以當你嘗試後，沒有得到你要的好結果，那只是代表這條路行不通，那麼，你就可以試另外一條路，有可能另外一條路就是成功之路。

所以，對於擁有42號鬧門的人來說，可以**嘗試各種的可能性**，前提是你要**「按照你的策略跟內在權威，來做出正確的決定」**，只要你是做出適合自己的決定，你可以試著去做些以前沒有做過的事情，擴展自己的視野，鍛鍊自己的才能，或許會**有意想不到的收穫**。

閘門

43

賺錢方式

新創尋援

閘門屬性	個體性
所屬通道	23-43
對應閘門	閘門23

43號閘門是獨特的「洞見」的閘門，所以43號閘門的人會有很獨特、與眾不同的想法，也因為它是如此與眾不同，大家以前都沒有聽過，因此很容易遭受到拒絕、被排斥、不被接受。因為太過天馬行空、太過新奇、特異的想法，一般大眾一開始聽到時容易覺得驚訝，而且無法引起共鳴。

43號閘門是獨特的想法，容易被拒絕、排斥，就好像是一股新生的力量，剛開始時是很弱小的，如果要把弱小的這想法展現、落實，它需要外在的助力，協助它壯大，因此必須找到同盟，必須使用各種方法、各種技巧，找到支持它的力量，跟任何力量結盟，甚至忍受指責，就是為了要達到實現它的想法的這個目標。

賈伯斯跟沃茲尼克兩人剛創立蘋果電腦之後，就到自組電腦俱樂部去介紹他們新生產的電路板，即便賈伯斯展現口才，努力介紹他的產品，但是俱樂部的會員們都反應冷淡，因為蘋果用的微處理器是廉價品，而不是像英特爾8080那樣的高檔貨。

不過，那時有個拜特電腦商店的老闆泰瑞，覺得他們的產品還不錯，就留了張名片給賈伯斯他們，說道：「那我們再聯絡吧。」

沒想到隔天賈伯斯就走進泰瑞的店裡，用他的三寸不爛之舌，說服泰瑞訂購五十部電腦，泰瑞強調，他要的是組裝好的電腦，因為一般民眾沒辦法自行組裝電腦，他願意每一部付五百美元，見到貨才付款，這是一筆兩萬五千美元的訂單。

為了完成這筆訂單，他們需要購買一萬五千美元的零件，但他們借不到足夠的錢，也買不到足夠的零件，後來，賈伯斯想盡辦法說服克雷默電子材料行的經理打電話給泰瑞，證明真的有這筆兩萬五千美元的訂單，讓克雷默的經理同意先供應零件給賈伯斯，三十天後再付款。

只要完成一打成品後，賈伯斯就把貨送去給泰瑞，泰瑞看到成品的時候嚇了一跳，因為沒有電源供應器、外殼、螢幕、鍵盤，這些通通都沒有，跟他原本期待那種接近完成品的電腦完全不一樣，但賈伯斯卻狠狠的瞪著他說：「當初不是說好這樣的嗎？」最後，泰瑞只好把電路板收下，付錢給他。

一個月後，蘋果開始獲利了，因為他們賣給泰瑞的五十塊電路板，拿到的錢可以付一百塊電路板的零件，因此，剩下的五十塊電腦再賣出去之後，都是淨賺的了。

以上的故事，說明了賈伯斯為了實現創立蘋果電腦這個目標，想盡辦法拿到第一筆兩萬五千美元的訂單（雖然最後交的貨不是泰瑞期待的完成品），又想盡辦法透過泰瑞向材料行說明這訂單確實存在，說服材料行讓他先拿零件後付款，做好產品後，又說服泰瑞接受泰瑞眼中的半成品並拿到貨款，最後才付款給材料行，成功賺到第一桶金，進而開始發展出蘋果電腦輝煌的事業。

我聽過一些43號閘門說，他們有時是會有一些獨特的想法，但是覺得這想法可能沒有用、不可行，就忽略了，過一段時間就忘記了，這其實是很可惜的事情。

建議43號閘門的人，當隨時有任何想法的時候，不管多新奇，甚至荒謬、好笑，都先把它記錄下來，找時間再把這想法整理的更完備一些，然後在適當的時候，跟其他人分享，或許有可能就會**找到同盟，然後讓你的想法實際落實發生，就有可能讓你賺到錢。**

閘門

44

賺錢方式

隱性引導

閘門屬性	家族性
所屬通道	26-44
對應閘門	閘門26

「隱性引導」這是什麼意思呢？從人類圖上來看，44號閘門的對面是26號閘門，而26號閘門落在意志力中心，意志力中心本身是懶惰的，它只想要休息，不想要工作，所以44號閘門擁有這個能力，來管理或激勵26號閘門，讓他們願意工作。

44號閘門**「管理、激勵其他人的意志力」**這個能力，並不是一種固定的方式，它會依照對方的特性、行為而自動調整，採取最好的方式，達到44號閘門想要的結果，這是**44號閘門與生俱來的才能**。

擁有44號閘門的人，適合的工作或賺錢的方式，像是教練的工作，或是經理、顧問、老師……等工作，主要是透過影響別人，讓對方創造出好的結果這種類型的工作。

譬如，麥克・沙舍夫斯基（Mike Krzyzewski），外號「K教練」（Coach K），是美國杜克大學的籃球總教練，自一九八六年開始，帶領杜克大學十一次進入NCAA最後四強，並四次獲得冠軍，培養出多名NBA球星。曾是美國夢幻隊的總教練。帶領美國男籃獲得二〇〇八、二〇一二、二〇一六年共計三次奧運金牌。

K教練似乎天生就有種激勵別人的本領，他能很自然地了解人性，觀察人們對不同人事物的反應，無論是個人或團體，隨時了解大家的現況，才有辦法在任何時候對症下藥。

一般來說，他的作風是有彈性和靈活的，有時候需要激勵球員，有時候則需要有話直說，但不必咆哮；有時候需要拍拍他們的肩膀，有時只是給他們一個擁抱。

有一次K教練在大家練習時突然中途打斷，嚴厲指出球隊靈魂人物布萊恩的錯誤，要求他馬上轉換、改善，不然他將拖垮整個團隊。在接下來的練習，其他球員不經意的就會把注意力放在布萊恩身上，然後發現他慢慢做對了，表現越來越好。

接著，K教練就會稱讚他說：「你做得太好了，你真是個優秀的球員。」

當球員們練習完回到休息室時，其他的球員就跑來對布萊恩說：「教練對你真是太嚴格了。」這時布萊恩並沒有跟其他球員一起抱怨K教練，反而跟大家說：「我需要教練來糾正我的錯誤，需要他讓我變得更好，只要我有進步，全體也會進步。」布萊恩展現出來的態度，不僅化解了其他球員對K教練的不滿，反而讓大家更願意接受K教練的指導。

其實，以上這段情節，是K教練跟布萊恩事先溝通好的，因為K教練知道當他在球場上直接指責布萊恩之後，在休息時其他球員一定會在布萊恩面前罵K教練，但K教練要求布萊恩不能跟其他人一起罵，反而要藉著這樣的機會來教導球隊中的其他人，因為布萊恩是球隊的領導者，對其他人有一定的示範作用，且透過布萊恩來告訴其他球員，這樣的效果反而比K教練直接告訴球員們更好。

透過各種不同的方法來管理、激勵球員，K教練才能創造出如此好的成績。

閘門

45

賺錢方式

會員制度

閘門屬性	家族性
所屬通道	21-45
對應閘門	閘門21

在我們的生活中，每個人都處在各式各樣的圈子裡，「圈子」是什麼意思呢？譬如一個人的朋友可能分成很多圈，不熟的在外圈，熟的朋友在內圈，知心好友在最內圈。

公司也有圈子，老闆在最核心，高階主管是最內圈，中階主管是向外一圈，員工又更向外一圈，我們可以用好幾個同心圓的圖形來表示，最中間、最核心的一定是最重要的人物，而重要性由圓心向外，逐漸遞減，最外圈是最沒影響力、相對比較不重要的人物。

在所有的圈子中，大部分的情況都是外圈的人想往內圈靠，想要從外圈進入內圈，內圈的人想進入更內圈，所以，利用外圈的人想進入內圈的心態，就是45號閘門的人賺錢的方式。

譬如美國節目：《超級名模生死鬥》（*America's Next Top Model*），從二〇〇三年到二〇一九年已經是二十四季了，是一個給參賽者爭奪模特兒及化妝品合約的美國真人秀節目，比賽方式是每季有十至十六位參賽者，每集參賽者都要學習有關成為模特兒的相關技能，譬如擺姿勢、拍照、走秀……等，然後拍攝出一張作品，這些照片每週競賽，最後一名被淘汰，到最後兩人或三人時，會讓他們參加時裝展作為最後的對決，獲勝者將可以登上雜誌封面及獲得化妝品合約。

整個節目的重點，是看選手們在每週激烈的競賽中一次又一次的存活下來，到最後獲勝，出道成為職業模特兒，從平凡人的外圈，進入時尚流行的內圈，是這個節目的特色，而這節目能夠播二十四季，因為有無數想進入時尚流行圈的年輕少女們在支持這個節目，這些少女算起來可以說是這個結構的最外圈。

有些公司也會設立一些門檻，如果員工達到門檻，便有機會升職或加薪，當公司設立了清楚的機制之後，自然便會激勵員工，為了往上爬（進入內圈），因而自動自發、積極努力達成更好的績效。

另外，從「圈子」延伸的概念，就是各式各樣的會員制度，不同的會員擁有不同的優待條件，享有不同的權益、服務，所以一般大眾就想加入會員，以便得到跟別人不一樣的待遇。譬如Amazon就提供了Prime會員每年無限次數的兩日快速到貨服務，而一般使用者需要等五至七天才能拿到訂購的產品。

要成為Prime會員的服務年費是九十九美元，而在二〇一八年更提高至一一九美元，在二〇一八年的Prime全球會員數，已經超過一億人。光是這服務年費的收入，就是一筆可觀的收入。

所以你可以想想，如何運用會員制度、不同的等級提供不同的服務，造成差異化，並提供進階會員更優質的服務，吸引一般客戶想要成為你或你公司的內圈人，願意付更多的費用來購買其他人得不到的服務，就是45號閘門的賺錢方式。

任何讓外圈的人想要進入內圈，因而產生獲利的機制，都是45號閘門的賺錢方式。

閘門

46

賺錢方式

愛護身體

閘門屬性	社會性
所屬通道	29-46
對應閘門	閘門29

46號閘門是「身體之愛」的閘門，什麼是「身體之愛」？就是愛你的身體，讓你的身體可以變得更好、更健康、更漂亮、更美……等。

一個人的身體就像個聖殿一樣，你可以好好的裝飾它，讓它變得更美、更好，變得是你想要的樣子，譬如穿上漂亮的衣服，戴上美麗的裝飾品，弄個漂亮的髮型……等，46號閘門的賺錢方式，就是「讓我展示給你看要如何好好的對待你的身體」、「讓我展示給你看要如何愛你的身體」。

另外，我們還可以用很多方式讓自己的身體變得更好，譬如中醫、養身、食療，或是按摩、推拿、氣功，這些也是可以讓你的身體更好的方法，或是保健你的身體，另外，像精油、花精、花藥……這些也是可以讓你的身體更好的東西。

有46號閘門的人，大多很喜歡以上這些項目，或是其他能讓身體更好的方式，所以有關以上這些內容的產品、服務，都是46號閘門的賺錢方式。

吳若石神父是天主教白冷教會的神父，一九七〇年從瑞士奉派來台灣後，到了台東縣長濱鄉，因為水土不服罹患了嚴重關節炎，透過別人認識了反射療法理論，並嘗試使用這個理論，經過自行練習，改善了自己的關節炎。對這反射療法產生興趣，並開始研究腳底反射療法理論，在吳神父持續的研究與驗證中，逐漸發展出成熟的足部反射健康法，成為吳若石神父足部反射健康法的創始者，也是台灣腳底按摩療法的創始者。

吳神父看到，許多貧窮的人生病卻無法負擔就醫的費用，因此開始推廣腳底按摩，希望能改善他們的健康，可以自助也可以助人，且無須花費昂貴的費用，另外，吳神父看到許多人工作非常辛苦，收入卻相當微薄，為了改善這些人的生活，他開始培訓腳底按摩師傅，透過培訓、上課、測驗，讓這些人學得腳底按摩的一技之長。

後來吳神父的腳底按摩受到注意，許多媒體紛紛來採訪吳神父，吳神父也推出好幾本腳底按摩的書籍，因此台灣各地開始出現「吳神父腳底按摩」的商店，他的書籍後來也流傳到香港、大陸，讓吳神父及他所推廣的腳底按摩療法大受歡迎。

吳神父是基於幫助別人的心理，推廣「腳底按摩」，如果他想要藉此賺錢獲利的話，全台灣的

「吳神父腳底按摩」將是一個龐大的商業體系。

我們在這本書中所提出的賺錢方式，都是因為你有了這個鬧門後，你就會有相對應的天賦才能，在過去的人生中也會有相對應的行為，如吳神父因為自己身體病痛的原因，開始研究腳底按摩，透過研究、投入、實驗腳底按摩的方式，有效的解決了自己身體的病痛，而這個世界上，擁有跟吳師父相同病痛的人有無數人，也都正在遭遇、曾經遭遇或即將遭遇跟吳神父相同的問題，也都會受苦於這個問題的困擾。

這時，如果你能夠像吳神父一樣，提出一個解決這些問題的產品、服務、方法、技巧，就會吸引其他跟你有相同問題、相同困擾的人來找你，希望幫他解決他的問題。

你**本人就是最好的見證者跟代言人**，因為它確實幫助你解決了你的問題，你所說的一切並不是空泛的言論，而是你的真實經驗。這時，其他擁有跟你相同問題的人，因為你的真實案例，就會願意花錢來買你的產品、服務、方法、技巧，這也就是**你賺錢的方式**。

閘門

47

賺錢方式

啟發觀點

閘門屬性	社會性
所屬通道	47-64
對應閘門	閘門64

47號閘門是一個不容易理解的閘門，因為這是一個「壓抑」的閘門，也是「領悟、了解」的閘門。

先說「壓抑」的意思，壓抑就是壓迫、壓制、煩悶、苦惱、焦慮的感覺，為什麼會有這種壓抑、苦惱、焦慮的感覺呢？

原因來自64號閘門，64號閘門是混亂的閘門，就像是在一個大倉庫中堆滿了一大堆各式各樣影片的膠捲，沒有順序、沒有規律，混亂的擺在一起，亂七八糟、毫無秩序，因此64號是一個困惑的閘門。

47號閘門就是要從這些混亂的事物中找出意義，試圖要去理解這些混亂、困惑的事物，因此擁有47號閘門的人就會覺得被壓迫，感覺到壓抑、苦惱，也會很焦慮。

這裡有一個問題，47號閘門針對混亂事物找出的意義，並不一定是對的，也不一定是真理，也就是說，47號閘門試著針對一些事物找出意義，把這些事情變得有意義，但這件事情可能到最後仍毫無意義，這就更加深了47號閘門的苦惱與焦慮。

很難找到有47號閘門的人是不折磨自己的人，他們總是陷在無盡的壓抑與煩悶中，因為腦袋一直在思考，過去的事情到底是怎麼一回事？試圖理解過去，但想來想去的方法似乎都沒有得到正確的答案。

所以，有47號閘門的人要了解幾件事，首先，這只是你的頭腦的運作方式，你的頭腦自然會壓迫你，試圖從這些混亂的事情找到意義、想要理解這些混亂的事情，這只是你的頭腦的運作方式而已。這是你的天性，但它不是要折磨你的天性。

其次，從這些過去的事情中找出意義，想要理解它們，它其實有很多選擇，它是可以很有創造性的，並不是只有一種標準答案，你也不必追求要找到標準答案，而是透過你自身正確的操作，按照你的策略跟內在權威來做決定，然後領會出這些事情的意義，讓它變成一種美。

所以，對於**「從混亂的事情找出有創造性的意義」，就是47號閘門的賺錢方式**。

譬如《與神對話》（*The Complete Conversations with God*）的作者，尼爾・唐納・沃許（Neale

Donald Walsch），他曾是電台主播、報社記者和主編，並創辦了公關和市場行銷公司。他也曾是人生勝利組，但卻遭逢失業、車禍和婚姻失敗及流浪街頭等重大打擊，之後在絕望的狀態下寫下了一封憤怒信給神，沒想到竟得到了回答，他就把這些對話集結起來，出版成「與神對話」系列書籍，目前翻譯成三十六種語言，全球銷售超過一千兩百萬冊。

這些對話是否真的是作者與「神」對話所得，我們無法知道，但是也有可能是作者在經歷了一些人生挫折與失敗後，不斷的壓迫自己，然後從所有這些經驗中，找出創造性的意義。原本他是負面看待這些事情，從中找出的意義也是負面的意義，這些負面的想法讓他成為流浪漢。但是當他轉換成另一個角度，用不同觀點，看待他生命中所發生的這些事情，以一個創造性的角度來面對，找出有啟發性的意義，便可以把這些經歷轉變成「與神對話」系列書籍了。

簡單摘錄書中的幾個問題：

「人的一生到底是為了什麼？」

「我是否永遠也不會有足夠的錢？」

「我到底做過什麼事，活該要有如此不斷掙扎的一生？」

如果你想知道這些問題的答案，可以去買《與神對話》一書，這就是尼爾．唐納．沃許的賺錢方式。

閘門

48

賺錢方式

簡單求純

閘門屬性	社會性
所屬通道	16-48
對應閘門	閘門16

48號閘門是「深度」的閘門，就像是一口「井」一樣。如果你有一個48號閘門，就好像你擁有一口井一樣，而如果你有三個48號閘門，就像你擁有三口井。

當你擁有一口井，你就會想要填滿它，填滿這口井的意思就是你會一直學東西，當你學會一種知識、一項技能、一種工具之後，就好像你把這樣東西丟進了這口井中，試圖填滿這口井。但丟進一樣東西就可以填滿這口井了嗎？答案是「不會」，所以你會一直丟東西進入你的井中，一直丟、一直丟，而這口井會因為你一直丟東西進去而填滿嗎？答案也是「不會」，因為擁有48號閘門的人，會恐懼自己沒深度，總覺得自己學得還不夠，一直要求自己成為一個有深度的人，因而持續不斷的丟東西到井裡，長期下來，48號閘門的井中，已經堆滿了一大堆的東西。

即使48號閘門的人已經學會一項技能，他總是會恐懼是不是還學得不夠好、不夠多，就會想學更多技能，或者想要把既有的這項技能學得更深入。

真正的事實是，擁有48號閘門的人已經學得夠多了，學得比一般人都多得多了，因此對48號閘門的人而言，真正要想的事情是：如何把井裡已經學了很多的東西「簡單」化，**「簡單」就是48號閘門的人要銷售的東西。**

你常會在書店看到這樣的書：《快速上手OOO的十個步驟》、《學習XXX123就上手》，簡單就好，越簡單，別人就越容易接受。

二〇一四年時，麥當勞的經營出現了危機，因為在二〇一四年麥當勞的股價下跌了三．四%，而當年的道瓊指數則上漲了七．五%，為了改善經營上的困境，麥當勞在二〇一五年找了伊斯特布魯克（Stephen James Easterbrook）來當新的CEO。

伊斯特布魯克上任後採取了許多措施，其中一項就是「簡單化」，在他之前的前幾任CEO，為了增加業績，有的人推出了新的產品如沙拉、三明治……等，伊斯特布魯克認為麥當勞最厲害的產品就是漢堡，所以他想讓麥當勞專注在漢堡這個產品，且他發現滿福堡是很受歡迎的餐點，但是只有在早餐時間賣，他想，如果這個產品這麼受歡迎，卻只有在早餐時間賣，不是太可惜了嗎？不如就整天都賣它，因此他推出了「全日早餐」的活動，讓喜歡滿福堡的人整天都可以吃得到，也讓只吃麥當勞早餐的人，也可以到麥當勞吃午餐或晚餐。

因為「全日早餐」的計畫，廣受消費者歡迎，麥當勞在二〇一六年五月時創下了歷史新高的股價。

如果你有48號閘門，可以思考你的井中已經填了多少東西呢？你已經學習了多少技能了？不要覺得自己學得還不夠，不用想得太複雜，你可以開始練習把這些東西展現出來，用最簡單的方式，把它化為商品、服務，提供給需要的人。

你不用跟你的老師或是專家、達人比較，認為自己還不如他們、還不夠好、不像他們一樣有深度，因而不敢去展現自己。萬丈高樓平地起，沒有人一生下來就是大師，你所欽佩、追隨的專家、老師、達人，也都是從沒有經驗、一步一步走出來的，任何人都是從菜鳥開始的，所以只要開始正視自己、肯定自己，踏出正確的第一步，然後再一步接著一步，最後也會走到你的老師或這些專家、達人的位置。

閘門

49

賺錢方式

解決不滿

閘門屬性	家族性
所屬通道	19-49
對應閘門	閘門19

生活中，每個人或多或少都會有些不滿的事情，對生活不滿、對工作不滿、對產品不滿、對服務不滿……等。到處充滿讓你不滿的地方，但對這些不滿，我們又能怎麼辦呢？我們總是在忍受，因為我們也沒有解決的辦法，沒有能力解決，所以這些問題始終存在，這些問題一直沒有被解決，我們只能繼續忍受，繼續抱怨，日復一日下去。

事實上，因為我們跟其他人都生活在相同的社會中、身處在相同的環境中，你會抱怨的事情，其他人一樣會遭遇同樣的事情，他們也會產生相同的抱怨；讓你覺得不方便的事情，其他人一樣會覺得不方便。我們所有人都處於相同的困境中，所以，在這抱怨之下、在這不方便中，便潛藏著極大的商機。

如果有一個產品、服務能夠解決你的抱怨，解決你的問題，自然也會解決別人的問題，大家便會蜂擁而上，積極想要得到這個產品或服務。

二〇〇八年的巴黎，在一個下雪的夜晚，有兩個人在巴黎的街頭一直叫不到計程車，寒冷的天氣讓這兩個人在街頭冷得不得了，他們一直在抱怨為什麼都沒有計程車，如果躲在溫暖的屋子就看不到車，要想叫到車就只得在寒冷的路上痴痴的等。對於這種叫不到車的困擾，他們決定發明一個方法，且要利用高科技來解決這個問題，就是按一個鈕就可以叫到一台車，這就是Uber發明的由來。

另外，在全世界各地，也常遇到司機繞遠路的情況，遇到這種情況，一種是你跟他據理力爭、吵架，要求他扣錢，另外一種處理方式就是自認倒楣，你只能忍受，只能抱怨。

Uber的發明，能夠有效的解決這些問題，你按下一個鈕，就知道有沒有車可以來接你，需要花多久的時間，車子目前距離你多遠，車牌號碼也會提供給你，所以不會攔錯車，另外，車資都事先計算好了，透過你的信用卡扣款，你身上沒有帶錢也沒關係，不用擔心司機會不會繞遠路，不管他怎麼走，車資已經付清了、價錢已經固定了，就算他繞遠路，你也不用多付錢。

Uber確實能解決大家所遇到的問題，所以這種叫車服務，才會如雨後春筍般蓬勃發展起來，因為它可以解決每個人所遇到的問題。

擁有49號閘門的人，可以想想你現在的工作、日常生活中的食、衣、住、行、育、樂任何方面，看你自己有沒有遇到什麼問題？你總在抱怨什麼事情？**生活中哪些地方讓你不滿？你想要有人來幫你解決什麼事情？把這些問題列下來**，好好想一想，你能不能**發展出一個產品或一種服務，可以解決這些問題，這就是49號閘門的賺錢方式**。

閘門 50 賺錢方式

文化保存

閘門屬性	家族性
所屬通道	27-50
對應閘門	閘門27

50號閘門是「價值」的閘門，50號閘門的人很重視歷史與傳統，他們知道歷史延續的價值，透過延續這些歷史、傳統的價值，將可以使我們的現在跟未來的生活更豐富。

50號閘門的人通常對老房子很有興趣，喜歡有歷史的東西，因此，如何保存、延續這些有歷史及有傳統的東西，便是50號閘門賺錢的方式。

譬如台北市文化局在二〇一三年推動「老房子文化運動」，就是將台北市許多荒廢、閒置、無人使用或待修復的老房子，將許多文化資產，包含歷史古蹟、歷史建築、文化景觀等老房子，透過BOT模式，就是透過公開招標、評選，再與得標的民間團隊簽約，結合民間資金及創意，得標的團隊於修復房子後，能夠以優惠的租金長時間租用該房子。因此，很多老舊、破敗的建築，搖身一變成具有歷史感的咖啡廳、餐廳，為這些原本破舊的文化資產創造新生命。

位於台中市的宮原眼科，是日據時代的眼科醫院，是當時台中最大的眼科診所，是一棟紅磚瓦構成的建築，保有舊式的紅磚牆、舊牌樓，隨著時代的變遷，房子逐漸老舊，在九二一地震之後，更變成雜草叢生的廢墟。

經過民間經營團隊一年半的修復，把它重新改變成複合式的餐廳，紅磚瓦堆砌而成的拱廊騎樓，搭配新穎現代感的設計，吸引了大批遊客來此，除了享用美食之外，更可以體驗「現代與傳統」建築的美感，現在已發展成外地旅客到台中旅遊時，必去拜訪打卡的景點。

50號閘門也可以銷售有歷史價值的古物，譬如美國一位原是木匠的克澤（Loren Krytzer），因為一次交通意外讓他失去了一條腿，也讓他失去了工作，只能靠著每月兩百美元的救濟金過生活，某一天他在電視鑑定節目〈Antiques Roadshow〉上看到一條毛毯價值五十萬美元，而那條毛毯跟他放在櫥櫃裡七年、他祖母遺留下來的一條毛毯十分相似。

克澤隨後將毛毯拿去鑑定，才發現原來這條看起來不起眼的毛毯，是一條十八世紀罕見的美國原住民納瓦荷族（Navajo，美國西南部一支原住民族群）毛毯。而且它還不是普通的納瓦荷族毛毯，而是部落中地位很高的長老，在重要場合才會使用的毛毯。這條擁有兩百年歷史的珍寶，最後更以一百五十萬美金的天價賣出。

所以，對於古老的、傳統的、有歷史價值的建築、擺飾、物品、服裝、文化……等，無論它是完整、毀損、破敗，只要修復它或與現代結合，**創造出融合傳統與現代的產品或服務，便是50號閘門的賺錢方式。**

閘門

51

賺錢方式

冒險拓荒

閘門屬性	個體性
所屬通道	25-51
對應閘門	閘門25

51號閘門是個「勇氣」的閘門，擁有51號閘門的人，有能力面對混亂跟令人震驚的情況，並且可以適應這樣的結果與環境。

混亂、令人震驚、充滿威脅的環境，是不穩定的，而一般人的天性是想要穩定、避免風險，所以看到混亂的環境就想要逃離，因為不安全感會讓人遲疑。所以一群追求穩定的人，就會聚在同一個地方，過著同樣的生活，做著同樣的工作。

如果你身處在一個穩定、制度化、許多事情都是可預期的環境中，如何能夠超越別人而成功？如何能夠比別人賺更多的錢？如果大家都處在相同的情況之下，為什麼是你脫穎而出而不是別人呢？

由於每個人的特質、才能、設計都不一樣，有些人確實可以在穩定的環境中賺到錢，他們適合凡事井井有條、按部就班前進。但如果你有51號閘門，你充滿勇氣，自然會想要去一些沒人去過的地方，即便那裡是混亂、充滿威脅及震驚的環境，但是在那樣的環境中，也處處充滿商機。

多年來大陸市場蓬勃發展，許多人都前往大陸尋找機會，但大學畢業後的湛聿晃，卻是往東協、南亞及東歐各國發展，因為他覺得去台灣人多的地方沒有意思。

二〇〇四年，他輾轉得知庫德族來台灣採購一批機械設備跟材料，需要有人去當地技術支援，因為那時伊拉克仍處於戰亂的情況，沒有人想去，只有湛聿晃覺得這是一個機會。

前六年的時間，他主要是進口台灣的機械、鋼材過去，等時機成熟後，便在當地建造工廠、僱用員工，開始製造生產水塔。

他從一顆水塔都賣不出去，到最後拿到數十萬顆的訂單，累積成上億身家。

對其他人來說，中東可能是一個隨時戰爭、充滿不穩定因素的地區，但湛聿晃靠自己走出了一條路，證明當地沒有想像中危險，而且，到處都是商機，他說：「其實最大的門檻，在於自己，只要願意跨出那一步，世界會完全不同。」

擁有51號閘門，可以期許自己成為現代哥倫布，世界是如此之大，我們現在所處的生活圈只是小小一塊而已，51號閘門可以帶著你的勇氣，航向不可知的未來。

現在有越來越多的人會前往東南亞、東歐，去一些未知但可能充滿機會的地方，帶著他的勇氣前往冒險，開創自己在異地的一片天空。

有51號閘門並不代表你一定要出國，一定要去沒有人去過的地方，才是使用這個閘門的方式。你也可以在目前的生活中，看看有哪些你從沒接觸過的工作、領域，是你有興趣、想去挑戰的。然後在做出正確決定的前提下，跳出你原本的舒適圈，因為51號閘門擁有戰士般的能力，可以適應各種新的環境，從中找到商機，所以只要是**基於你的設計做出正確的決定，便可以勇敢踏上這趟未知的旅程，這就是51號閘門的賺錢方式。**

閘門

52

賺錢方式

必要限制

閘門屬性	社會性
所屬通道	9-52
對應閘門	閘門9

為了讓人、事、物可以穩定的前進與成長，讓我們可以擁有一個安全、期待的未來，我們需要一個固定的模式，並且透過適當的限制，讓參與其中的人、事、物，持續的維持這個固定的模式，這樣就能產生相同的成果，並且從中獲得好處。

舉例來說，許多父母會從小限制他的小孩：「現在去練習彈鋼琴。」不管小孩願意不願意，父母會想盡辦法，要求、限制他的小孩去做這件事，經過一年、兩年、三年……一直持續下去，長大之後小孩可能會感謝父母所對他做的事，就是因為父母一直限制他，讓他不斷的練習，才能讓他的鋼琴技巧精進。

這裡的限制並不是要掌控所有一切，真正的目的，是讓對方維持「聚焦」跟「專注」在某個固定的模式，讓他們維持在這個固定的模式上，不要有改變、不要偏離，讓事情能夠穩定的運作，也會因此產生我們預期的結果，讓我們獲得想要的好處。

譬如，當你參加一個旅行團時，導遊除了講解沿路的美麗景色外，很重要的工作就是：沿路限制整團的行動，他會不厭其煩的說早上幾點要起床、幾點用餐、幾點出發，到了某個景點，會提醒大家在此地待多久的時間，何時離開，等人到齊時還要點名，確保人數正確才能離開，他會從旅行團一開始集合時就讓所有成員接受他的限制，一直維持到最後解散的那一刻，只要大家都能接受他的安排，所有人就能擁有一趟愉快的旅程。

對於減肥這件事，世界各地有各式各樣的減肥營，由專家跟營養師組成優秀的研究團隊，融合各種學術研究及臨床經驗，打造一套有效的飲食計畫，嚴格控制熱量，透過長期、堅持的限制來養成新的飲食習慣，達到減肥的目的。

有些會加上運動的管理，要求學員每天持續運動多少時間，做什麼樣的運動，不只是把體重減下來而已，還要有結實的肌肉，充滿活力的身體。

有些甚至是全封閉式的減肥營，就是學員的吃、住、運動、活動、娛樂全部都在訓練營中，透過全方位的管控，達到快速、有效的減肥效果。這就是「適當的限制，維持固定模式以獲得好處」。

對現代人來說，智慧型手機已經是生活中不可或缺的工具，出門可以不帶錢包，但是不能不帶手機，甚至在學生族群中，手機的普及率也非常高，但因為手機的功能太多，可以上網、購物、玩遊戲，還可以跟朋友聊天、傳訊息，許多學生回到家後就是一直在玩手機，不會花時間念書，即便念書時也很容易分心，時時刻刻檢查手機有沒有新的訊息。

所以，有讓人專心的App因而發展出來，你先在手機上設定好想要專注的時間，只要在這段時間內不用手機，就可以讓一顆種子落地慢慢長成美麗的植物，專注的時間越長，在你虛擬花園中的植物就會越來越多、越豐富、越漂亮。

52號鬧門的賺錢方式，就是銷售「被你的產品、服務所限制，讓對方因為維持固定的模式，因而帶來的好處。」

閘門 53 賺錢方式

客戶滿意

閘門屬性	社會性
所屬通道	42-53
對應閘門	閘門42

53號閘門，是一個「開始」的閘門，53號閘門會一直想要開始新事物，如果不能開始一些新的事物，53號閘門內心就會有很大的壓力。但是，只有在平和的環境下，53號閘門才能展開新事物，而為了維持平和，便要避免衝突，因此53號閘門要提供的就是沒有衝突的服務，也就是說，53號閘門要銷售的便是「讓客戶滿意」，或是提升「客戶滿意度」。

有一個說法：「客戶永遠是對的，客戶永遠不會錯。」

這句話強調的是一種無條件為客戶服務的思想，「如果客戶帶著你的商品回來找你，說它破了、壞掉了，那就換一個新的給他。如果客戶跟你抱怨你的產品有問題，那就先細心傾聽客戶的心聲。」這是53號閘門的人要遵守的政策。

因為有時候你銷售的並不是商品，你銷售的東西實際上是一種期望，客戶想買的是一種期望，但是客戶對他想要的期望並不見得很清楚，譬如買「手機」，手機的基本功能就是用來打電話，但是，現在很少人買手機的目的只是單純為了打電話，很多人買手機是為了要上網、拍照，或是酷炫的外型……等，所以很多人買手機並不只是買手機，他要買的是一種「期望」。

一旦你所提供的商品或服務，沒有滿足客戶的期望，對方就會失望、沮喪、難過甚至生氣，這時候你便要立即去提供你的服務，來解決他們的問題。如果你能善待你的客戶，解決他們的問題，他們就會再次來使用你的服務，所以，「讓客戶滿意」就是53號開門賺錢的方式。

例如，加賀屋溫泉旅館，在日本雜誌票選飯店跟旅館的服務中，連續蟬聯綜合排名第一名超過四十年以上，是日本知名的高級溫泉旅館。

在加賀屋的服務傳統中，有一項不成文的規定，就是不能跟客戶說：「不行」、「沒有」、「不知道」。譬如，在一天的晚宴上，一位客人喝多了，開始無理取鬧，一直吵著想要喝某個酒廠釀造的地方酒，但是加賀屋並沒有儲備這種酒，於是派人坐計程車去買酒，而要去買酒的地方與加賀屋距離一百多公里，單趟車程將近兩小時，來回就接近四小時，當酒買回來之後已是深夜，客人知道加賀屋竟然派人去買酒回來之後，內心充滿了感動與滿足。

因為這種隨時想要滿足客戶期望的服務態度，縱使當下無法馬上解決客戶的問題，以滿足客戶的期待，但卻會想盡各種辦法克服，無論多難的情況都努力解決，目的只為了最終能讓客戶感到滿意，這樣的服務態度，自然會讓客人下次繼續使用他們的服務，他們的生意也才能歷久不衰。

擁有53號鬧門的人，不管你從事什麼樣的工作，提供什麼樣的服務，你都可以思考**如何能讓你的客戶更滿意，如何達成他們的期望，這就是你的賺錢方式**。

閘門

54

賺錢方式

野心勃勃

閘門屬性	家族性
所屬通道	32-54
對應閘門	閘門32

54號閘門是「野心」的閘門，這是一種想要從底層往上爬的驅動力，有54號閘門的人，擁有想要在社會階梯攀登向上的動力，想要獲得更高的地位，而為了獲得成功，他們願意付出時間、精力來獲得成功。

「不想當將軍的士兵不是好士兵」，這句話是拿破崙用來激勵自己下屬的話，拿破崙軍校畢業之後只是個少尉，在一七八九年法國大革命初期，他只是一個籍籍無名的軍人，但卻可以憑藉自己的努力，從軍官、將軍、司令到第一執政，甚至最後到一八〇四年時成了法國的皇帝，這可以說是一個奇蹟。

由於拿破崙是由一個士兵當到將軍，再從將軍成為皇帝，他親自完成了這項奇蹟，這是他的親身經驗，因此才會激勵士兵「不想當將軍的士兵不是好士兵」。

其實我們也知道，不可能每個士兵都可以成為將軍，因為士兵的數目遠比將軍的數目多得多，而且需要有好的士兵才能支持將軍的計畫，大量專業、稱職的士兵是必要的存在，有些人只想當一個好的士兵，只想當士兵並不是問題。因為每個人的設計不一樣，有人可以想當好將軍而成功，有人可以想當好士兵而成功。

對**54**號閘門的人來說，由於「野心」是**54**號閘門人的內建機制，因此**54**號閘門的人就必須要想當將軍，透過這種追求成功的企圖心，願意付出自身的努力，獲得更好的報酬、晉升到更高的位置。

因此，適合**54**號閘門的工作，是可以因為你的努力，付出，可以有機會往上爬的工作。如果你的工作是無論你多麼努力、付出了多少時間、創造了多好的結果，但你的收入、獎金、職位，都跟你相同職位的同事沒有什麼差別，這樣的工作就不是適合你的工作。

54號閘門的工作，需要有機會能讓你展現你的野心，能讓你不斷的努力，付出時間與勞力，最後能在物質上獲得報酬或是職位上獲得提升，這樣的工作，才是適合**54**號閘門的工作。

54號閘門的終極目的地，就是要到達**45**號閘門，因為在整個家族人迴路中，**54**號在最底層，而**45**號在整個家族人迴路的最頂點，因此**45**號閘門代表部落（家族）的領導者，我們稱之為國王或皇后，54號閘門的目標就要透過自身的努力，從底層往上爬，最後到達頂點完成翻轉，由54號變成45號，從底層向上爬，最後變成國王或皇后。

54號閘門也代表一種潛能，一種追求物質成功的力量，透過展現這種力量，奮鬥向前，讓部落崛起，透過崛起來改變部落的命運。所以54號閘門的努力，底層要求是希望自己的部落或家族，或者更簡單說就是自己的家庭，能夠在物質上獲得更多的資源，讓家庭能夠有更好的生活。

54號閘門的賺錢方式，比較像是個心態，你可以先了解自己是否有這個特質？自己是不是個很有野心的人？因為不是每個人都對自己很了解。如果你覺得自己並沒有什麼想要從底層往上爬的野心，可能你對這部分的自己還不太了解，這是你未來可以開發的部分。

如果你知道自己是一個有野心的人，你也希望透過努力讓家庭更好，來翻轉家庭，那麼你選擇的工作便要能符合這樣的條件，**要找你付出多少努力就有多少回報的工作，並讓你在努力的過程中往上提升，獲得更多的錢或是更好的職位，這就是54號閘門的賺錢方式。**

閘門

55

賺錢方式

情緒渲染

閘門屬性	個體性
所屬通道	39-55
對應閘門	閘門39

55號閘門在情緒中心裡，它是一個情緒的閘門，而且是所有閘門中最情緒化的閘門，意思就是它會有最高的情緒波以及最低的情緒波，也就是說，55號閘門可以表達出最強烈的情緒。

情緒，是現代人需要學習的課題，對情緒中心有顏色的人，他的情緒就像是波浪一樣，高高低低、上上下下，一直處於高低起伏的狀態。當在低潮時，通常會讓人比較負面思考，容易生氣、發脾氣，且因為55號閘門又是擁有最強烈情緒的閘門，因此，我們會建議，55號閘門的人，只有在心情好時才去吃飯、上班及工作，心情不好時就不要去工作，如果55號閘門在心情不好時還是去工作，他就會生病，但不是實際身體上的生病，而是情緒上的生病，因為55號閘門只有在心情好時才能是社交的、合群的，心情不好的時候，會受到情緒很大的影響，讓情緒支配他們，如果心情不好時仍然強迫自己去工作，就可能會在情緒上生病。

一般人會認為，怎麼可能因為你心情不好就可以放假，這樣是不是太任性、太不負責任了，所以都會強迫自己，甚至強迫別人，即便心情不好，一樣要照常去上班、照樣工作。不過，隨著環境的變遷、時代的進步，現在已經有公司開始放「情緒假」了，雖然是少數的企業而已，但或許未來會有更多的企業，因為關心員工的身心健康，而提供「情緒假」的選擇，那對55號閘門將是一件很好的事情。

另外，大家可能會認為「情緒化」是比較偏向負面的形容詞，一個太情緒化的人，在日常生活中或工作上，可能會造成大家的困擾。但是在人類圖的觀點，很多設計都是中性的，並沒有好壞對錯，是人們把這些設計貼上標籤，認為它是缺點或負面的名詞，舉例來說，如果「情緒化」放在某些地方，就變成很恰當、很好的搭配，那就是表演、戲劇、歌曲、舞蹈等藝術表演。

譬如歌手蕭敬騰就有55號閘門，他演唱的方式，都是帶有非常強烈的情緒渲染力，他的歌聲渾厚高亢，唱腔豐富且有爆發力，當他在飆高音或是演唱強烈的搖滾歌曲時，很容易引發所有聽歌的人的情緒，而溫柔的情歌，也是非常令人揪心，聽著聽著，眼淚忍不住就掉下了。

所以，每個閘門的特質都是中性的，並沒有好或壞，只是要把它們用在對的地方，就會產生對的結果，如果你目前並沒有創造出好的結果，那可能只是還沒有用在對的地方而已。

如果你有55號閘門，你可以考慮**把你的「情緒化」用在表演、藝術、創作這些方面**。但如果你的工作跟藝術創作一點關係都沒有，還是可以想想如何把它用在工作上，譬如領導者在跟員工溝通時，可以帶著情緒，去感染員工，將會比較容易激勵員工；如果你是員工，或是業務、門市人員，那就在你心情好的時候，帶著好心情服務客戶，當客戶看到你開心的笑臉，客戶自然會更滿意你的服務。

這就是55號閘門的賺錢方式。

閘門

56

賺錢方式

說故事

閘門屬性	社會性
所屬通道	11-56
對應閘門	閘門11

56號閘門的人非常擅長說故事，故事人人愛聽，大家都想要聽各種不同的故事，說故事便是有56號閘門的人的賺錢方式。但是說故事要怎麼用來賺錢呢？

最簡單、最直接的方式，就是透過說故事給別人聽來賺錢，像現在有許許多多的「故事屋」，專門說故事給小孩子聽，讓小孩子不要一直看電視、玩手機或是打電動玩具，而是聽一些新奇有趣的故事，有些「故事屋」聽故事的費用甚至比看電影還貴。就好比古時候的說書人一樣，各式各樣的歷史故事、傳奇小說，總是被說書人說得引人入勝、精采萬分，吸引聽書人絡繹不絕。

既然你很會說故事，那是不是可以把你的故事寫成小說呢？或者把你說的故事變成劇本呢？再把這些故事變成電影或電視劇等，這就是56號閘門的賺錢方式。

近代「顏值經濟」興起，人們對化妝品消費需求不斷增加，全球化妝品市場規模不斷擴大，二〇一九年的化妝品市場突破五千億美金，其中，護膚品占了百分之四十，可謂兵家必爭之地，全世界有許許多多的公司、各式各樣的品牌，各式各樣的廣告與行銷方式，都企圖在護膚品中搶占一席之地。

其中，SK-II是家令人印象深刻的公司，原因來自它的品牌故事：一九七五年，一隊科學家在參觀日本北海道的一家清酒釀造廠時，注意到釀酒的老婆婆，即使年紀大了，臉上布滿縐紋，但卻有一雙光滑有彈性如少女般細嫩的手，科學家認為是清酒釀造過程中產生的一種副產品所帶來的功效，經過謹慎的採集及驗證了三百五十種不同的酵母菌後，他們找到了有效的那一種，並把它命名為PITERA，PITERA就是讓肌膚細緻柔嫩的關鍵，因而誕生的青春露，也奠定了SK-II在化妝品界的地位。

另外，置入性行銷，也是說故事的另一種運用，在某熱門電影中男主角開的跑車，有極佳的廣告效果，自然車子的銷售量便會提高；在很受歡迎的電視劇中，女主角用的化妝品、所穿的衣服，都會成為當季的熱賣品。

雖然擁有56號鬧門的你，很會講故事，還是有兩個重點可以建議你：

一、平時多收集好故事，大家都想聽好故事、新的故事、有趣的故事，有些是你親身發生的故事，有些是發生在別人身上的故事，或者有些是你從電視、網路、書籍中所看到的故事，平時多收集一些好故事，成為你的材料，在你需要的時候便能夠派上用場。

二、練習將這些故事運用在你的工作上，**讓說故事變成你的特色，或是你的產品、你的服務的特色**，因為別人喜歡你展現這些故事的方式，因此能吸引別人來購買你所提供的產品或服務，**這就是56號鬧門的賺錢方式。**

閘門

57

賺錢方式

讀空氣

閘門屬性	個體性
所屬通道	20-57
對應閘門	閘門20

很多人說話常常喜歡迂迴，不喜歡直接說出他真正的想法，因此常常讓人搞不清楚究竟是什麼意思？到底是同意還是不同意？是真的覺得價格太高還是根本不想買的推辭而已？有時聽對方講了一大堆，還是聽不懂他真正的意思是什麼？

擁有57號閘門的人跟別人說話時，有時會有靈光乍現的靈感，可以聽出對方真正的意思：如果對方想買但是覺得價格太高，你可以適當降點價格，但如果對方並不想買，你就不用繼續勸說，可以請他考慮別的產品。但畢竟對方並沒有把這些想法說出來，因此有57號閘門的人便可以使用適當的問題，詢問對方真正的意思，藉以驗證自己認為聽到的言下之意是否正確。

因為57號閘門是來自直覺，所以聽到別人的弦外之音，並不是來自腦袋的評估判斷，而且它是在當下發生，所以你不會對這個人幾天前或幾個小時前所講的話，產生來自直覺的洞見，而是在當下，當對方說話的時候，你會有來自直覺、當下產生的清晰洞見。

57號閘門這種聽出別人言外之意的能力，不會一直都在運作中，意思就是不是在任何時候、跟任何人說話時都會出現，而是在它該出現時就會出現（因為它來自當下的直覺），所以有些57號閘門的人，會認為它可能只是一個錯覺，是自己的猜測，就忽略了這個訊號。因此，建議57號閘門的人，當出現這種覺得別人好像有什麼話沒說出來的感覺時，不要錯過這種感覺，可以透過適當、委婉的問題來釐清，將有助於跟對方的溝通。

57號閘門的賺錢方式，比較不像是銷售一種產品，而像是一種「才能」或「能力」，可以運用在你的工作及服務中，讓你的工作變得更順利，例如業務員的工作便很適合，因為你可以**聽出**這個**客戶真正的想法**，他對你的產品真正的看法，我們常說「嫌貨才是買貨人」，客戶對你的產品有抱怨或是不同意你說的功能、特色，不一定是他不想買。你若能**聽出**他的**言外之意**，便不用浪費很多不必要的時間，在不必要的地方，而是**透過釐清對方在意的、關鍵性的問題，協助你達到成交的結果**。

同樣的，這才能也適合客服人員、主管，或是需要大量跟人溝通的工作，擁有57號閘門的你，善用你聽得出對方沒說出口的真正想法，將可以讓溝通的工作變得更輕鬆。

荷蘭的歐嘉隆藥廠在進行一個過敏藥的臨床實驗時，負責登記參與者身體檢查報告的祕書，注意到一件事情，在與這些參與者溝通、聽他們講話時，有些人好像異常快樂、感覺特別友善，一般人可能不會在意這些事，但這個祕書覺得這個發現值得向上級報告，她的經理對這個發現也覺得好奇，決定深入調查，他們後來發現，這些說話很愉悅的試驗者，全部都是屬於吃了藥的這一組人。

後來，這個過敏藥失敗了，它被證明對治療過敏無效，但是，他們卻發現這個藥有更好的功能，它是可以抗憂鬱的藥物，他們接著進一步發展這藥物，將之命名為「脫爾煩」，最後它是個非常成功的抗憂鬱藥物。

如果當時這個祕書沒有聽出這些試驗者的愉悅，就不會有這個「脫爾煩」藥物的上市。

閘門

58

賺錢方式

生存議題

閘門屬性	社會性
所屬通道	18-58
對應閘門	閘門18

58號閘門是「喜悅、活力」的閘門，底層有著「源於對人類的愛」，因此他會看到生活中哪些事情正威脅著我們的生存，他會想把這些行不通的事情更正過來，目的是為了讓全體人類擁有一個安全的未來。

58號閘門的人，會關心人類生存的議題，譬如環保問題、食品安全、公共衛生、貧窮、疾病……等，希望找到一個方式解決這些問題，讓我們的後代子孫能夠擁有一個更美好的未來。

舉例來說，二〇〇六年諾貝爾和平獎得主穆罕默德．尤努斯（Muhammad Yunus）是孟加拉人，孟加拉是一個貧窮的國家，二〇一八年國際貨幣基金組織統計人均GDP為一六九八．三五美金，全世界排名一三六名。

一九七六年時，他走進鄉村研究貧窮的原因，發現鄉村人民普遍非常貧窮，即便願意努力工作的人、有很好手藝的人，一樣無法擺脫貧窮，深入研究之後，發現原因來自高利貸的壓榨，因為鄉村的人沒有錢，即便他們有很好的手藝可以製作很好的手工藝產品，但是因為沒有錢買材料，只好跟高利貸借錢來買材料，做好產品賣出去之後，還完高利貸，所剩無幾，幾乎無法累積財富。

他統計一個村莊有四十二位婦女，她們需要買材料的總金額是二十七美金，即便是這麼少的金錢，她們也拿不出來，尤努斯想跟銀行聯繫，看銀行能不能借錢給這些人，讓她們擺脫高利貸的惡性循環，可是因為這些窮人無法提供擔保品，銀行不可能借錢給這些人。

因此尤努斯成立「窮人銀行」，提供微型貸款給窮人，讓他們擺脫高利貸的束縛，並且設計以五人為團體，彼此鼓勵、建議，相互幫忙，並且透過討論訂定十六項守則，要求借貸的人必須遵守這些守則。

其中一項守則就是：「我們要教育好小孩子，賺錢供他們上學。」所以尤努斯並不是只借錢給他們而已，更去教育他們，如何與其他人溝通學習，特別要重視小孩子的教育。唯有如此，才能從最根本的地方翻轉整個貧窮的問題。

到二〇一一年的統計，有超過八百萬人跟「窮人銀行」借錢，放款金額超過一百億美金，還款率超過百分之九十五，跟銀行往來五年以上的借款人，脫離貧窮線的比例高達百分之六十四。

因為小額貸款對窮人所做出的貢獻，讓尤努斯在二〇〇六年獲得諾貝爾和平獎。

如果你有58號鬧門，可以想想看你對哪個人類生存議題有興趣，譬如食品安全、環保議題、空氣污染……等，那便是你可以投入的地方，你可以**想出一種商品或一種服務，然後透過你的努力，讓全體人類有一個更安全、美好的未來，這將會是你的賺錢方式之一**。

閘門

59

賺錢方式

開放連結

閘門屬性	家族性
所屬通道	6-59
對應閘門	閘門6

由於環境不斷的在發展與變化，因此一個物種想要能一代一代、生生不息的繁衍下去，必須要有新的元素加入，才能產生新的變化，適應新的環境，如果一味固守立場、堅持不改變、拒絕外來的新事物，可能就會被不斷改變的潮流所淘汰。

開放就是不保守、不限制，接受各種的可能性，透過與不同的事物結合之後，創造出一個更好的結果。

59號閘門的本質，是能夠打破障礙、與不同的元素進行結合的能力，進而創造新的生命力。透過「開放」的特質，能夠接觸、容納各種不同的元素，進行結合，產生前所未有的火花，進而創造價值，達到獲利賺錢的目的。

以巧克力舉例，巧克力有很多種類，如果以成分分類的話，可以分成無味巧克力、黑巧克力、牛奶巧克力、白巧克力。

依添加物來分的話，大部分是加入果仁、葡萄乾、軟膠糖、餅乾或是酒等，製作成各種美味的巧克力。

台灣屏東的「福灣巧克力」，是由台灣第一位國際巧克力品鑑師許華仁所創立的，他在ICA世界巧克力大賽，拿下最高獎項「全競賽不分類最佳巧克力金牌」，抱回五金二銀一銅的驚人佳績，讓台灣巧克力一舉在國際舞台上大放異彩。

他得獎的巧克力是什麼呢？

有台灣鐵觀音茶巧克力、台灣紅玉茶巧克力、玫瑰荔枝可可碎粒巧克力、泰式咖哩櫻花蝦巧克力、米香霧台紅藜巧克力七〇％、櫻花蝦巧克力等，這些五花八門、特別的巧克力，讓人一聽就會產生好奇心，進而想要了解、購買的欲望。

一般在市面上看到的巧克力都是純巧克力、黑巧克力，牛奶巧克力、堅果巧克力、酒芯巧克力，但許華仁的鐵觀音茶巧克力、紅玉茶巧克力、紅藜巧克力，讓人看到之後眼睛為之一亮，尤其最特別的是櫻花蝦巧克力，現在國際上很多人都透過這款「蝦子巧克力」認識到許華仁這個人。

他的開放性，嘗試加入各種元素，造就了獨特的結果與成績，為什麼他能夠將這麼多東西融入巧克力裡呢？他曾經提過，他所使用的巧克力，本質上並沒有其他知名巧克力的獨特風味，但就是因為沒有獨特風味，反倒讓這樣的巧克力適合跟其他的元素融合，不讓巧克力的風味壓過其他加入的元素，反而是一種更好的平衡。

這就是開放的強項，如果你夠開放，就能吸納各種不同的東西為你所用，透過結合、融合，反而創造出與原先完全不同的新產品。

這種**透過「開放」與其他元素的結合**，可以是你這個人、你的產品、你的公司、你的服務、你擁有的知識，**透過「開放」與其他事物結合所產生的化學作用，因此創造出的價值，就是59號閘門的賺錢方式**。

閘門

60

賺錢方式

超越限制

閘門屬性	個體性
所屬通道	3-60
對應閘門	閘門3

60號閘門是「限制」的閘門、「接受」的閘門，「限制」的意思是指目前所面臨的框架、從過去到現在一直是相同的事情。這個閘門一直在尋找新的東西、一直在尋找突破、帶著想要突破的壓力，它厭倦於目前的限制、一直存在的狀態，想要帶出新東西，超越目前的限制。

這也是「接受」的閘門，意思是「除非這限制被接受，否則超越是不可能的」，所以我們說：「**超越的第一步是接受限制。**」

就像毛毛蟲化為蛹藏在繭中，這時對毛毛蟲是最大的限制，因為牠完全不能動，只能被限制在繭中，但毛毛蟲必須接受這限制，等待時機到來，才能破繭而出成為蝴蝶。

哈洛德．拉塞爾（Harld Russell），在參加第二次世界大戰時，不幸被炸掉了雙手，需要在手肘以下截肢，為了能應付往後生活所需，醫師在他的前臂套上兩個鉤子，他花了六個星期來掌握鉤子的操作方式，並讓鉤子能夠表現出非凡的靈活性，來處理日常生活中的大小瑣事，包含穿衣服、刷牙……等，他的表現讓他的軍隊上司留下深刻印象，因此請他參加了一部軍事紀錄片《軍士日記》（*Diary of a Sergeant*）的拍攝，它描寫一個被截肢者如何通過訓練恢復正常生活，在整部片子中他表現出愉快的態度，將潛在的艱難問題變成讓觀眾欣賞的愉快旅程。

後來這部紀錄片引起了電影導演威廉．威勒（William Wyler）的注意，便邀請哈洛德．拉塞爾去演出《黃金時代》（*The Best Years of Our Lives*）影片，這部電影是講述三個美國士兵從第二次世界大戰後，重返平民生活所遇到的困難，結果不僅讓哈洛德．拉塞爾獲得第十九屆奧斯卡的最佳男配角獎，更榮獲「為退伍軍人帶來希望和勇氣」的特別獎。哈洛德曾說：「如果不是我遭受那次意外，我就不會有機會演那個角色，那次不幸的意外，成了我一生中最有價值的事件之一。」

雖然之前有健康的雙手，但是失去雙手是新的事實、新的限制，如果哈洛德在失去雙手時，只是自怨自艾，抗拒接受失去雙手的事實，他就會一直處在那樣的狀態。但是他接受這樣的限制，因緣際會接受了裝置鉤子義肢，很多人對這樣不方便的義肢也是一直抱怨，因為這種義肢畢竟不好用，但哈洛德選擇接受鉤子這個限制，花時間好好練習，精通到甚至讓人以為這鉤子義肢是為了哈洛德而設計的，當他接受這限制之後，突變又發生了。

軍隊的上司覺得哈洛德很適合軍事紀錄片《軍士日記》的拍攝，藉此展現美國政府對退伍軍人的照顧，因此請他來參與這部紀錄片。

因為拍攝了《軍士日記》紀錄片，引起了電影導演的注意，造成下一個改變，他成為電影演員，更因為這電影獲得奧斯卡金像獎最佳男配角的獎項。

如果你有60號鬧門，當你覺得在生活中有種焦躁不已、坐立難安的感受時，代表你一定對某些事物不接受，當你越不接受這些事情，這些事情只會更持續，只有當你試圖去了解它、接受它，當你接受這些限制，焦躁不安的感覺消失之後，超越這限制的改變才可能發生。

閘門

61

賺錢方式

神祕知識

閘門屬性	個體性
所屬通道	24-61
對應閘門	閘門24

有61號閘門的人，喜歡研究未知的事情，天生就喜歡神祕的事物。

擁有61號閘門，就會對神祕的事物有興趣，包括宇宙學、外星人……等神祕的事物，61號閘門的人，天生對這些就會有興趣，會想花時間去投入、去研究，很容易被神祕的事物所吸引。

神祕還包括神祕的景象、神祕的風景，譬如百慕達三角洲，常常發生許多超自然、不可思議的現象，許多經過的船隻、飛機會「神祕失蹤」，雖然百慕達三角洲已經被證實不是危險的區域，而是對失蹤事件的長期誤解、誤傳和誇大，但因為這些傳言以及相對出現的神祕氣氛，已成為大眾文化的一部分，而百慕達三角洲的相關傳說，也經常被各種電影、電視作品改編、運用。

尼斯湖水怪，是類似蛇頸龍一般的生物，是生活在英國蘇格蘭尼斯湖的傳說生物，雖然數百年來有無數次的搜捕尼斯湖水怪行動，但沒有一次成功。不過每年尼斯湖水怪都吸引世界各地無數的遊客前往參觀，也為蘇格蘭帶來可觀的觀光財。

另外，神祕也可以用在小說、電影等，譬如哈利波特第一集：《神祕的魔法石》，透過哈利波特的故事，打開一個神祕魔法的世界，像是由貓頭鷹送入學通知的魔法學校、可以買魔杖的商店、會到處活動的照片跟畫像、不會固定的樓梯，還有騎著可以飛天的掃帚進行的魁地奇比賽，這些是我們從來沒有接觸過的、充滿驚奇與神祕的奇幻世界。目前哈利波特系列書籍已經被翻譯成七十五種語言，在超過兩百個國家出版，所有版本總銷售量超過五億本。

哈利波特的電影系列，是全球史上最賣座的電影系列，票房收入超過七十七億美金。作者J．K．羅琳因為此書成為英國最有錢的女人之一。

J．K．羅琳本人自述，創作哈利波特的靈感，來自於她在從曼徹斯特開往倫敦的火車上，彷彿看到車窗外有一個黑髮、瘦弱，載著眼鏡的小巫師在對她微笑，從此她便開始構思關於這小巫師的故事。

另外，占星、塔羅牌也是神祕的事物，有些人喜歡研究塔羅牌，對自己困惑的事情如工作問題、愛情問題或其他問題等，會抽一張或數張塔羅牌來解惑，精通塔羅牌的人，還可以把塔羅牌當作是自己的副業，甚至是主業來經營，許多全職經營塔羅牌的人也做得非常成功，這也是利用「神祕」來賺錢的方式。

如果你有61號閘門，你會對某些神祕的事物有興趣，這世界有很多人也對神祕的事物有興趣，**只要找出你喜歡的或是長期研究的神祕事物，找到相對應的商品、服務，提供給其他同樣對這神祕事物有興趣的人**，你就可以賺到錢，這**就是61號閘門的賺錢方式。**

閘門

62

賺錢方式

重新定位

閘門屬性	社會性
所屬通道	17-62
對應閘門	閘門17

62號閘門的人，有能力在一件事情中發現細節，然後可以把這細節表達出來，它是一個「命名」的閘門，透過精準的命名，幫助其他人能夠了解你想呈現的事情。命名的好，其他人就很容易了解、清楚知道你想表達的東西。以電影名字來說，《少年Pi的奇幻漂流》，你一聽就知道這電影在演什麼，有一個少年名叫Pi，他有一段漂流的經歷，這個過程很奇幻。

一九三一年，石橋正二郎在日本福岡縣成立了輪胎公司，叫做「石橋輪胎公司」，銷售的輪胎叫做「石橋輪胎」，但後來石橋正二郎認為產品出口使用英文名稱比較方便，於是把他的姓「石橋」翻譯成英文的STONEBRIDGE，但因為唸起來不順口，所以就把它顛倒過來，改成BRIDGESTONE，就是「普力司通輪胎」，現在，普力司通已經是國際知名的跨國公司。

除了「命名」之外，62號閘門更重要的是銷售「重新定位」，因為有62號閘門的人擅長尋找細節，透過細節來重新定位，為原來的產品綻放新的生命力。

舉例來說，在早期液晶電視的市場上，SONY 一直是市場領先者，而三星一直是市場追趕者，市占率不到百分之十，三星為了增加市場占有率，拚命研發技術，增加電視的功能，但即使做了很多努力，研發很多的新技術，想讓三星的電視成為擁有許多高科技功能的電視，市占率始終無法提升。

後來三星重新思考，重新檢視「電視」這個產品，他們去做了廣泛的市場調查，想要了解在一個家庭中，到底誰才是購買電視的主要決定者，然後他們得出結論：重點在「媽媽」，在一個家庭中，媽媽是主要決定購買電視的人。

他們接著再去跟許多媽媽做深入訪談研究，了解媽媽們為什麼想買電視？決定買電視的流程是什麼？媽媽買電視時的主要決定因素究竟是什麼？後來三星得到一個重大發現，對大多數的媽媽們而言，電視並不是一個高科技產品。或者換一個角度說，針對這些高科技知識、專有名詞及功能，在許多媽媽眼中，並不在乎也不了解，更不知道這些高科技功能有多麼重要，因為她們並不把電視當作是高科技產品。

對媽媽而言，她們認為電視是「家具」的一種，因為電視是要擺在客廳裡的，所以電視也是一種家具。既然是家具，所以電視外表是否美觀、是否能配合家裡客廳中的其他家飾，便是媽媽們選擇電視的重要考量，因此，當三星把電視從「高科技產品」重新定位為「家具」後，他們的設計方式及行銷方向便不一樣了，不再強調電視是高科技的產品，反而把電視變成是一種現代化且時髦的家具，一體設計、輕、薄、無邊框，充滿設計感及現代感。

透過重新定位電視的結果，讓三星電視的市占率，由不到百分之十到超過百分之二十，達到數倍的成長，這就是重新定位的威力。

如果你有62號鬧門，可以思考如何對你的工作、產品、服務重新定位，**透過重新定位，你可能創造出一個新的市場、新的方向、新的商機。**

閘門

63

賺錢方式

問對問題

閘門屬性	社會性
所屬通道	4-63
對應閘門	閘門4

63號閘門是「懷疑」的閘門，是「問問題」的閘門。問問題，就是擁有63號閘門的人的賺錢方式。

問問題是一件很容易的事，就算是沒有63號閘門的人也會問問題，為什麼「問問題」是一個賺錢方式呢？

雖然每個人都會問問題，但每個人問問題的品質有很大的差異，不同的問題，就會創造出不同的答案，不過，要能創造出價值的問題才是好問題。「如果你能問出一個好問題，你就會得到一個好答案。」「如果你問出的問題並沒有讓事情變得更清楚，那表示你的詢問有問題。」

63號閘門也是一個懷疑的閘門，總是感覺事情可能會出錯，或是對某些事情不信任，所以63號閘門的人非常愛問問題，也會向很多人請教，向別人問問題，但是，當別人回答了63號閘門的人所問的問題之後，擁有63號鬧門的人就會相信嗎？

答案是：「不會」，但這不表示63號鬧門的人都不相信別人告訴他的答案，對63號鬧門的人來說，真正的重點是，他要自己找到自己的答案。

由於63號鬧門的人一直在問問題，在不斷反覆練習、精益求精之後，如果63號鬧門能從所問的問題中學習，慢慢提煉問題的品質，就能逐漸問出好的問題、對的問題，成為會問問題的大師之後，問問題就會變成63號鬧門的賺錢方式了。

所以重點是你要能問出好的問題、對的問題。甚至很多人還會進一步思考：「問題背後的問題是什麼？」這一個問題，就會延伸出更多的問題，也可能創造出不同的價值。

許多諾貝爾獎得主都有63號鬧門，他們可能只是問出了一個好問題，雖然不見得馬上就能夠找到答案，但是因為問對了問題，在對的問題上投入心力去解決，自然就會創造出對的結果出來。

牛頓有一天坐在農莊裡的蘋果樹下，突然一顆蘋果掉下來，讓他嚇了一跳，也觸發他的思考，「蘋果為什麼會從樹上垂直掉下來？」「為什麼不飛往天空？」「為什麼會離開樹枝？」「為什麼不歪歪斜斜的掉到地上？」這些問題引發了他的思考，最後發明出萬有引力定律。

「人為什麼不能飛？」

因為人不是鳥，鳥才能飛。

「為什麼鳥可以飛？」

因為鳥有翅膀，所以鳥可以飛。

「如果人有了翅膀，是不是就可以飛了？」

人就是人，人不可能有翅膀。

「如果人裝上翅膀，是不是就可以飛了？」

……

飛機的發明，就是由一個一個的問題所引發出來的。

有時，一個問題並不見得能直接得到答案，但卻可以引發大家的思考，開啟從來沒有想過的面向，打開一扇新的大門，引領大家走向不同的領域。

所以，把問題的能力用在你的產品中，用在你的服務中、工作中，**透過好的問題，來解決問題，創造價值，就是63號閘門的賺錢方式。**

閘門

64

賺錢方式

過度擴張

閘門屬性	社會性
所屬通道	47-64
對應閘門	閘門47

過度擴張有幾個意思，第一個是當你想做一件事，但卻沒有足夠的資源時，可以尋求外在的協助，這就是「過度擴張」。

在許多國家，我們都可以看到許多相類似的，介紹「包租公（婆）」成功經驗的書籍。故事大約都是如此：A君因為長期接觸房地產生意，包含房子買賣與出租，接觸久了後，對房屋仲介買賣與出租市場行情十分熟悉，在一次因緣際會的巧合下，A君看到了一個合適的房子要出售，但因為手上沒有足夠的資金，便尋找幾個合作的夥伴（金主），一起來買這房子，金主主要負責出資金就好，A君會負責出面買下，買下後再把這房子重新裝潢，分割成三到四間小套房來出租，扣除管銷費用之後，一年的利潤將近七至十二%，即便與A君分享利潤後，金主的獲利還是比銀行定存利率高很多，而且金主手上還實際握有房子的所有權，所以就變成了一個雙贏的投資案。

當第一個案子成功之後，A君便可以繼續複製這樣的作法，因此就可以第二間、第三間一直做下去，而事實上，A君手上並沒有資金，只是利用他的經驗，加上過度擴張的方式，讓其他的金主當他資金的後盾，藉由彼此分享利潤的方式，讓更多的金主提供他充裕的資金，持續購買一棟又一棟的房子。

藉由這樣的方式，A君便由一開始毫無任何資本，一步一步的賺到第一桶金、第二桶金……這就是「過度擴張」。

過度擴張的第二個作法，就是你已經在某一個領域擁有成功的經驗，你可以把這經驗拓展到一個全新的領域，這也是「過度擴張」。

譬如提款機，早期只有郵局、銀行等金融機構才設有提款機，後來便利商店四處興起，慢慢的提款機也進入到所有的便利商店中，等到所有的便利商店都有了提款機之後，銀行業者繼續把提款機擴展到更多的領域去。

這時，他們發現在台灣還有一種場所每天進出的現金也相當多，而且這樣的場所可能比便利商店的總數還多，這些場所便是各種宗教的寺、廟、宮、堂，在寺廟裡每天的香火錢金額也是相當龐大，甚至有些著名的寺廟，在農曆年期間一天經手的金額是上億元，因此有些聰明的銀行業者，便努力把他們的提款機推廣到寺廟裡，甚至點光明燈的費用也可以直接在提款機上操作，這也是「過度擴張」。

還有一個有趣的例子，台灣菸酒公司主要是銷售香菸跟各種酒類，但是由於花雕酒的庫存太多，他們為了消化花雕酒的庫存，因此研發出花雕雞麵，結果卻意外爆紅，甚至引發搶購熱潮，在二〇一六年的營業額達到六億元，在泡麵市場的市占率排行第四，這也是一個成功的「過度擴張」的例子。

所以，如果你有64號閘門，可以想想，如何藉助外力的協助，做到你原來做不到的事情，讓你的才能、創意得到發揮，為你賺到第一桶金。

你也可以**想想你已經創造的一些成功經驗**，看看可以**過度擴張**到哪個領域，可能是不同的領域，或是不同的行業、不同的地點，只要**發揮你的創意**，**便有無限的可能獲利空間**。

結語

千里之行，始於足下

開始行動前的建議

當你讀到這裡，已經知道了你的財賦密碼，也知道了你要如何做決定，這兩者結合在一起，便可以開始你的賺錢計畫。這邊有幾點補充說明：

一、關於人類圖做決定的方式，要按照你的策略跟內在權威來做決定，本書只是簡單的描述，各位如果想知道更多的話，可以去找人類圖的書籍研究，也可以找人類圖分析師做個案解讀或者去上人類圖的課程，可以讓你更深入了解，本書只是提供一個簡單的入門。

二、對四種類型的建議：

1. 顯示者因為可以主動發起，如果你因為書裡的內容獲得啟發，想去做一些事情，在結合你的內在權威之後，要去「告知」跟你要做的事情相關的人你要做什麼，然後你就可以去做了。

2. 生產者若是對書的某些內容有「回應」，而產生動力去做一個決定，也是可以的。如果不太確定到底是不是回應？可以把這件事化為一個問句，請別人來問你，然後聽薦骨的聲音，如果你的回應是肯定的「嗯」，那你可以去做這件事。

3. 投射者比較麻煩，因為投射者要等待被邀請，所以如果你是一個投射者，我在此邀請你對於書裡你有興趣的事情，經整理後，去跟朋友聊一聊你的想法，然後在跟別人的談論中，如果出現邀請，再依照你的內在權威決定要不要接受這個邀請。

4. 如果你是反映者，如果書的內容使你想去做一些事情，先不必急，如果是重大的決定，要等二十八天之後再來決定。或者，你可以跟朋友聊一聊，看什麼東西從你嘴巴說出來，再依據你說出來的事情做決定。

三、人類圖是一個實驗的知識，鼓勵各位依照你的設計去做實驗。

四、最後祝大家活出自己，並擁有豐盛富足的物質生活。

國家圖書館出版品預行編目（CIP）資料

人類圖財賦密碼：個人職場及賺錢天賦使用說明書 / 林福益（Alex Lin）著. -- 初版. -- 臺北市：橡實文化出版：大雁出版基地發行，2021.05
面；　公分
ISBN 978-986-5401-61-0（平裝）

1.職場成功法　2.生活指導

494.35　　110004503

BC1091

人類圖財賦密碼：個人職場及賺錢天賦使用說明書

作　　者　林福益（Alex Lin）
責任編輯　田哲榮
協力編輯　朗慧
封面設計　小草
內頁構成　李秀菊、歐陽碧智
校　　對　蔡函廷

發 行 人　蘇拾平
總 編 輯　于芝峰
副總編輯　田哲榮
業務發行　王綬晨、邱紹溢
行銷企劃　陳詩婷
出　　版　橡實文化 ACORN Publishing
地址：10544臺北市松山區復興北路333號11樓之4
電話：02-2718-2001　傳真：02-2719-1308
網址：www.acornbooks.com.tw
E-mail信箱：acorn@andbooks.com.tw
發　　行　大雁出版基地
地址：10544臺北市松山區復興北路333號11樓之4
電話：02-2718-2001　傳真：02-2718-1258
讀者傳真服務：02-2718-1258
讀者服務信箱：andbooks@andbooks.com.tw
劃撥帳號：19983379　戶名：大雁文化事業股份有限公司

印　　刷　中原造像股份有限公司
初版一刷　2021年5月
初版五刷　2023年2月
定　　價　580元
I S B N　978-986-5401-61-0